热设计工程师精英课堂

热设计的世界

——打开电子产品散热领域的大门

李 波 编著

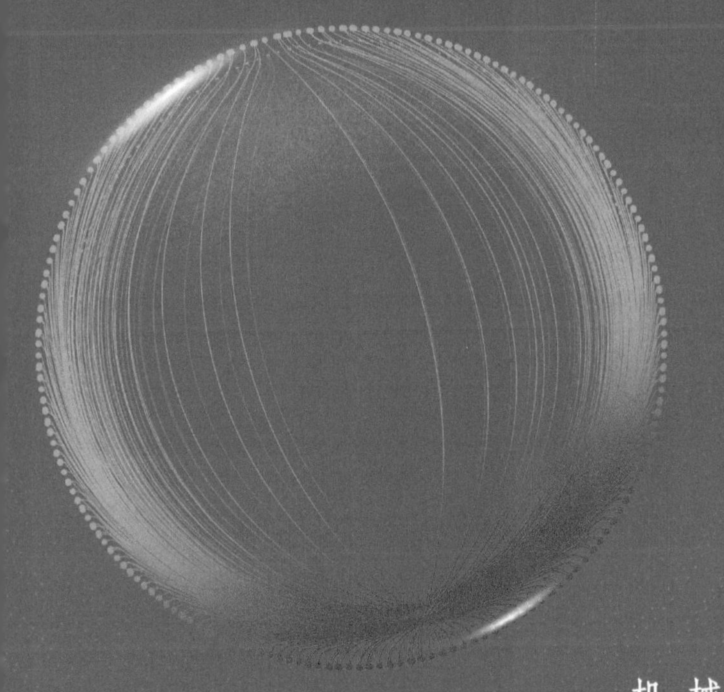

机 械 工 业 出 版 社

本书使用幽默诙谐的语言、形象生动的比喻，结合日常生活对电子产品热设计进行了详细的讲解。全书共分9章，具体内容包括传热学和流体力学基本概念、电子产品热设计的理念和策略、常见散热元件、热仿真技术、电子产品的热测试，以及消费电子、电力电子、通信电子和照明电子等行业的实际产品拆解热分析，以期帮助读者理解这些产品的热设计方案。

本书可以作为电子产品热设计工程师的入门参考书，同时也可以作为电子工程师、结构工程师的知识扩展读物。

图书在版编目（CIP）数据

热设计的世界：打开电子产品散热领域的大门/李波编著. —北京：机械工业出版社，2020.9（2024.6重印）

（热设计工程师精英课堂）

ISBN 978-7-111-66466-6

Ⅰ.①热…　Ⅱ.①李…　Ⅲ.①电子设备-温度控制-设计　Ⅳ.①TN02

中国版本图书馆CIP数据核字（2020）第166324号

机械工业出版社（北京市百万庄大街22号　邮政编码100037）
策划编辑：任　鑫　责任编辑：任　鑫
责任校对：刘雅娜　封面设计：马精明
责任印制：单爱军
北京虎彩文化传播有限公司印刷
2024年6月第1版第4次印刷
169mm×239mm · 12印张 · 225千字
标准书号：ISBN 978-7-111-66466-6
定价：69.00元

电话服务	网络服务
客服电话：010-88361066	机　工　官　网：www.cmpbook.com
010-88379833	机　工　官　博：weibo.com/cmp1952
010-68326294	金　　书　　网：www.golden-book.com
封底无防伪标均为盗版	机工教育服务网：www.cmpedu.com

推荐序

“不负韶华，砥砺前行！”

我国的改革开放已经有四十余年，现今的基础建设被赋予了新的定义和使命。奔涌而来的新基建浪潮，不仅带给民众更多的生活便利和幸福感，而且也对科学技术提出了更高的要求。作为新基建的重要组成部分，5G、人工智能和工业互联网等产业涉及的电子产品都会面临一个巨大挑战——散热。整个散热行业面对着前所未有的挑战、机遇和责任。

电子产品小型化、高功率密度化和应用环境多样化是电子产品遇到的最大挑战。其中5G智能手机就是这一挑战的典型代表，如何在狭小的空间内，高功率密度的情况下，设计出能应用于各种环境中的散热解决方案，考验的是整个散热行业的智慧和能力。

国产化意味着我国科技实力已经有了长足进步，同时也为国内企业带来了宝贵的发展机遇。散热领域的核心技术多被国外企业所掌握，一些美国、日本的公司依托散热技术来获取丰厚利润。而国内企业多侧重于相对简单的基础生产和加工。产品国产化的正确方向，让更多的国内实力企业站在舞台的中央，从而有机会聆听市场需求的声音，展示一直以来内在积蓄的力量，满足散热行业的各种需求。

国内散热行业的发展和前行不是依靠某个人或某个企业，依靠的是行业内的所有人和所有企业。散热行业的从业人员犹如行业发展的基石，而企业则为从业人员提供了一个良好平台。国内电子产品散热迅猛发展的二十多年中，涌现了不少优秀的从业人员和企业。正是各方的不断努力，推升了我国的电子产品散热技术能力，乃至将来提升到更高的高度。生久集团作为散热行业一名相对而言的新兵，也立志能为行业的发展尽力。

“浅显易懂，受益匪浅！”

《热设计的世界——打开电子产品散热领域的大门》犹如一幅热设计的全景概况画卷。从热设计的理论基础到产品热设计的理念思路，从热仿真模拟到测试验证，不一而足，涉及消费电子、电力电子、通信电子和照明电子的诸多实际产品拆解热分析，对读者而言如同一场热设计的饕餮盛宴，不仅能帮助读者加深对散热的理解，而且还能进一步扩展热设计思维。此外，全书生活化的写作风格，也为专业书籍增添了一抹亮色。好在李波说送我一本，否则我肯定会买一本。

生久集团有限公司总裁　姚春良

2020 年 9 月

前　言

生活中很多场合我们都需要向他人描述自己的职业。我是老师、我是银行职员、我是公务员，类似这些职业介绍非常简单直接。“我在台达做散热设计”，与爱人相识时我是这么介绍的。当看到她略显迷茫的表情时，我意识到这个自我工作介绍太鲁莽了。完全没有考虑到这个职业工作的稀有性，强调一下是稀有性不是稀缺性。“这个工作对专业要求比较高，一般都需要研究生以上的学历，所以从事的人不算很多……”我想你肯定会对我当时的机智圆场暗挑大拇指。自从那时起，我就将要让更多的人了解热设计这个职业的想法暗藏于心。

通常一个产品的研发设计是由电子、结构和散热等专业协同完成。其中电子对产品的重要性和发言权最大，如果三个应届生同时入职电子、结构和散热工作岗位，最后大概率是从事电子工作的同事先买学区房，从事结构设计工作的同事买房时间可能比从事散热设计工作的好不到哪里去，但产品研发中结构设计工作要比散热设计早很多。而且，无论是艺术创作还是工程设计，一般创作者都非常陶醉于自我的设计。想要让从事结构设计工作的同事做设计变更来优化散热，简直就是不可能完成的任务。如果旁边还有个对散热“无所不知”——简称“无知”的产品经理，那散热的麻烦就更大了。每每此时，为了能让更多的人了解热设计领域的想法就愈发强烈。

对于供职于外企的80后而言，“学区房”位列公司茶水间Top 3热门的话题无虞。对于从事散热设计工作的同事而言，学区房也许会迟到，但绝不会缺席，当然还有那每次都提前收到的房贷还款通知书。同为80后的机械工业出版社的任鑫老师过往帮我出版过多本专业书籍，双方都非常认可对方的专业和执行力。前些时候在微信聊天中他也和我聊到学区房的问题，他们家小朋友马上也要上学了，也需要考虑了。此外，他又以不容拒绝的口气询问是否可以一起搞本热卖书籍，版税的事情可以到北京和他们社长谈。并且，一再强调既然要热卖，受众一定要范围广，要有回忆、情节、娱乐化、大俗大雅，要能引起读者的共鸣……我能怎么办，最终我在出版合同的落款处署上了自己的名字。

谨以此书献给广大70后、80后和90后，王家卫的粉丝，伍佰的歌迷，F1、网球、NBA和围棋等体育爱好者，反恐精英玩家，金庸的拥趸、影迷，以及所有想了解热设计这一领域的朋友。

李　波

2020年8月　于上海

目 录

推荐序

前　言

第 1 章 基础理论概述 01

1.1 传热学 / 2

1.1.1 热传导 / 2

1.1.2 热阻 / 10

1.1.3 热对流 / 14

1.1.4 热辐射 / 16

1.1.5 对流换热 / 22

1.2 流体力学 / 26

1.2.1 流体流态 / 26

1.2.2 流动阻力和能量损失 / 29

1.3 小结 / 31

第 2 章 热设计基础 33

2.1 三国演义 / 34

2.2 热设计的概念 / 34

2.3 交换机的热设计实例 / 43

第 3 章 散热元件

3.1 风扇 / 51

3.1.1 演唱会上的伍佰 / 51

3.1.2 风扇的重要特性 / 51

3.1.3 风扇的选型 / 56

3.2 散热器 / 57

3.2.1 阿布扎比赛道上的阿隆索 / 57

3.2.2 电子产品常用散热器介绍 / 59

3.2.3 铝挤型散热器性能分析实例 / 64

3.3　导热界面材料　/　65
3.3.1　速贷球馆的詹姆斯　/　65
3.3.2　导热界面材料的类型　/　66
3.3.3　导热界面材料的选择　/　68
3.4　冷板　/　70
3.4.1　法拉盛公园的德约科维奇　/　70
3.4.2　冷板的类型和特点　/　70
3.4.3　冷板的选择　/　72
3.5　均温板和热管　/　73
3.5.1　棋枰前的陈祖德　/　73
3.5.2　均温板和热管介绍　/　74
3.5.3　均温板和热管应用实例　/　76

第4章
热仿真基础

4.1　反恐精英CS　/　79
4.2　热仿真软件介绍　/　80
4.3　热仿真实例分析　/　83

第5章
热测试基础

5.1　热电偶　/　91
5.1.1　双剑合璧　/　91
5.1.2　热电偶的原理和分类　/　91
5.1.3　电子产品中的热电偶测温　/　92
5.2　恒温恒湿箱　/　94
5.2.1　西夏皇宫中的冰窖　/　94
5.2.2　恒温恒湿箱的原理和分类　/　95
5.2.3　恒温恒湿箱的使用注意事项　/　96
5.3　红外热像仪　/　97
5.3.1　吸星大法　/　97
5.3.2　红外热像仪介绍　/　98
5.3.3　红外热像仪的使用注意事项　/　99
5.4　风洞　/　100
5.4.1　九阳神功　/　100
5.4.2　风洞的工作原理　/　101
5.4.3　风洞测试实例　/　104

第 6 章 消费电子产品的热设计 106
6.1 智能手机 / 107
6.1.1 智能手机介绍 / 107
6.1.2 智能手机热设计方案解析 / 109
6.1.3 小结 / 115
6.2 笔记本电脑 / 115
6.2.1 笔记本电脑介绍 / 115
6.2.2 笔记本电脑热设计方案解析 / 118
6.2.3 小结 / 124

第 7 章 电力电子产品的热设计 126
7.1 风电变流器 / 127
7.1.1 风电变流器介绍 / 127
7.1.2 风电变流器热设计方案解析 / 128
7.1.3 小结 / 138
7.2 光伏逆变器 / 139
7.2.1 光伏逆变器介绍 / 139
7.2.2 光伏逆变器热设计方案解析 / 140
7.2.3 小结 / 146

第 8 章 通信电子产品的热设计 147
8.1 通信基站 / 148
8.1.1 通信基站介绍 / 148
8.1.2 射频拉远单元热设计方案解析 / 149
8.1.3 小结 / 157
8.2 服务器 / 158
8.2.1 服务器介绍 / 158
8.2.2 机架式服务器热设计方案解析 / 160
8.2.3 小结 / 166

第 9 章 照明电子产品的热设计 167
9.1 LED 射灯 / 168
9.1.1 LED 射灯介绍 / 168
9.1.2 LED 射灯热设计方案解析 / 169
9.1.3 小结 / 174
9.2 LED 路灯 / 174
9.2.1 LED 路灯介绍 / 174
9.2.2 LED 路灯热设计方案解析 / 176
9.2.3 小结 / 180

后记 / 181
参考文献 / 183

第1章 基础理论概述

武侠小说中的大侠在仗剑走江湖之前，莫不是从师数十年，苦练基本功，待功夫练成再行出山。同样，欲进入热设计的“江湖”，掌握传热学、流体力学的一些基本概念大有裨益。顾名思义，传热学是一门研究热量传递的学科，热设计工作的本质就是将热量由一处传递至另一处。流体力学是力学的分支，旨在研究流体在静止与运动状态下的力学规律。水和空气作为最常见的两种流体，很多时候作为热量的载体，实现了热量传递的过程。

1.1 传 热 学

自然界中但凡有温度差存在，就会有热量由高温处传递至低温处。热传导、热对流和热辐射是热量传递的三种基本方式。由于自然界中到处存在温度差，因此传热现象在自然界中普遍存在。本章以小波的童年为主线，穿插传热学的基本概念，以期在唤起80后儿时记忆的同时，掌握传热学的重要概念。

1.1.1 热传导

1.1.1.1 电热毯

1991年，小波10岁。那年的冬天特别寒冷，当时上海郊区最低气温达到了零下8℃，积雪成冰好多天未化。母亲怕小波晚上睡觉冷，5号刚发工资，就带着小波去家附近的百货大楼（见图1-1）买电热毯。

图1-1 百货大楼

妈妈：“师傅，你们这电热毯有吗?”

营业员：“有的，大人用还是小孩用，你要实惠些的，还是贵的?”

妈妈：“小孩睡的，买条实惠一点的。”

小波：“妈，我不要，我怕触电。”

营业员：“小波，你不要怕。阿姨已经用了两年了，从来没有触电。这个电热毯（见图1-2）是大西洋保险公司投保的，质量你绝对放心。要吗，我给你拿一条？而且，这两天店里还在搞活动，买电热毯送两瓶夏天用的花露水……”

妈妈：“好的，师傅，麻烦你帮我拿条新的，样品不要。”

营业员："好的，肯定拿新的，你放心，大家都是邻居，要是给你样品我也不好意思。电热毯用的时候，记得要在上头铺个被单，睡在上面更舒服。小波你知道为什么晚上睡电热毯就不觉得冷吗？来来来，阿姨帮你讲。"

小波："阿姨，我不知道，我不怕冷，我怕触电！"

图 1-2　电热毯

营业员："小波你不要怕，只要你晚上不要尿床，电不会传过来的。电热毯接上电源之后，电能转成热量，毯子的温度也会升高，人睡在上面会感到很暖和。"

小波："阿姨，我还是有点怕。"

营业员："有什么好怕的，来来来，阿姨再帮你拿两瓶花露水！"

1.1.1.2　热导率

热传导又称为导热，指温度不同的物体各部分或温度不同的两物体之间直接接触而发生的热传递现象。热传导过程中热量传递是依靠分子、原子等微观粒子热运动进行的。热传导过程多发生在固体内部，且参与热传导的物体不会发生物理位移。

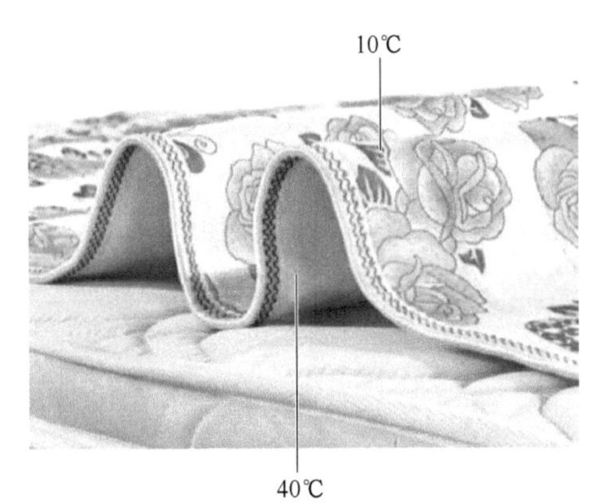

图 1-3　电热毯的热传导

如图 1-3 所示，电热毯上下两侧的温度有差异。热量由电热毯高温的下侧通过热传导的方式传递至低温的上侧。

近似地将电热毯工作视为一维热传导的现象，则电热毯传导的热流量可通过式（1-1）进行计算。

$$Q = \frac{\lambda}{\delta}\Delta tA \tag{1-1}$$

$$Q = \left\{\frac{1}{0.02} \times [(273+40)-(273+10)] \times 3\right\}\text{W} = 4.5\text{kW}$$

式中，Q 是电热毯的热流量（W），电热毯的热导率 λ 约为 1W/(m·K)，厚度 δ 约为 0.02m。假设，电热毯的下侧温度 t_B 为 40℃[⊖]，电热毯上侧的温度 t_T 为 10℃，电热毯面积约为 3m²，则电热毯通过热传导方式由下往上传递的热流量为 4.5kW。

热导率是物质的一个重要热物性参数，反映了物质热传导能力的强弱。热导率的单位为 W/(m·K)。其物理意义是在稳定的热传导条件下，1m 厚的材料，两侧表面温度差为 1℃时，在 1s 时间内，通过 1m² 面积传递的热流量，用符号 λ 表示，如图 1-4 所示。

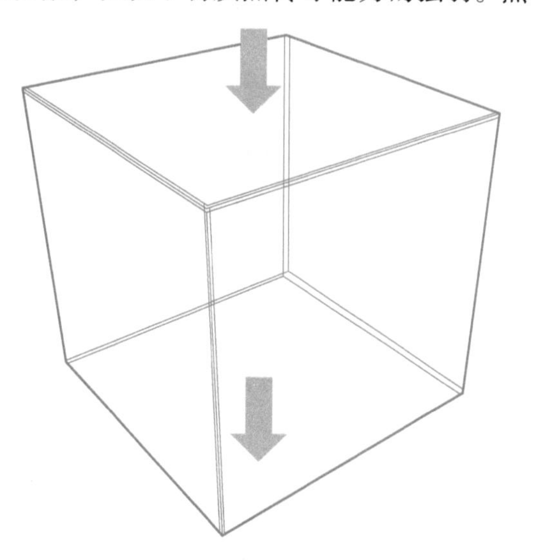

图 1-4　热导率示意图

一般情况而言，金属的热导率比非金属要高，物质的固相热导率比它们的液相要高，物质的液相热导率又比其气相要高。另外，物质的热导率会受到温度和纯度等影响。

表 1-1 所示为电子产品中常用金属材料的热导率、密度和比热容等物性参数。金属材料的热导率变化范围一般为 21～419W/(m·K)。其中纯银的热导率为 419W/(m·K)，它是金属中热导率最高的材料。纯铜和纯铝的热导率分别为 385W/(m·K) 和 201W/(m·K)，是现实生活中常见的高热导率金属。

表 1-1　电子产品中常用金属材料的热导率

中文名称	英文名称	热导率/[W/(m·K)]	密度/(kg/m³)	比热容 [J/(kg·K)]
氧化铝	Aluminum (Anodized)	201	2710	913
纯铝	Aluminum (Pure)	201	2710	913
纯铜	Copper (Pure)	385	8930	385
纯金	Gold (Pure)	296	19300	132

⊖ 表示温度数值时，$\frac{t}{℃} \approx \frac{T}{K} - 273$；表示温度差和温度间隔时，1℃ = 1K，后同。

（续）

中文名称	英文名称	热导率/[W/(m·K)]	密度/(kg/m³)	比热容/[J/(kg·K)]
纯铁	Iron（Pure）	80	7870	106
纯镁	Magnesium（Pure）	150	1740	246
纯钼	Molybdenum（Pure）	138	10240	251
纯镍	Nickel（Pure）	59	8900	460
纯铂	Platinum（Pure）	69	21450	136
纯银	Silver（Pure）	419	10500	235
纯钛	Titanium（Pure）	21	4508	536
纯钨	Tungsten（Pure）	163. 3	19300	134
纯锌	Zinc（Pure）	111	7140	389

金属材料的热导率随着温度的升高而减小。由于金属的热传导是依靠自由电子的迁移和晶格的振动来实现的，并且以前者为主，所以当温度升高时，晶格振动的加强干扰了自由电子的迁移，造成了热导率的下降。通常电子产品所涉及的温度在 0～200℃范围内，在此范围内金属热导率随温度变化的现象基本可以忽略。

金属材料中掺入其他金属或非金属材料形成合金材料。由于金属的晶格完整性被破坏，自由电子的迁移受到干扰影响，所以合金材料的热导率会随之下降。例如纯铜的热导率为 385W/(m·K)，而钨铜合金（铜 75%，钨 25%）的热导率降低为 190W/(m·K)。大部分合金的热导率随着温度的升高而减小。与金属材料类似，对于电子产品中的合金材料而言，在 0～200℃范围内合金的热导率随温度变化现象基本可以忽略。表 1-2 所示为电子产品中常用合金材料的热导率。

表 1-2　电子产品中常用合金材料的热导率

中文名称	英文名称	热导率/[W/(m·K)]	密度/(kg/m³)	比热容/[J/(kg·K)]
铝碳化硅（碳化硅体积分数 63%）	AlSiC（vol frac SiC-63%）	200	3010	NA
铝碳化硅（碳化硅体积分数 68%）	AlSiC（vol frac SiC-68%）	220	3030	NA
铝铍 AM 162	Aluminum Beryllium AlBeMet AM162	210	2100	NA
铝合金-5052	Aluminum-5052	137	2680	921
铝合金-6061	Aluminum-6061	180	2700	963
黄铜	Brass（Naval）	110	8400	370
青铜（含锰）	Bronze（Manganese）	53	8800	360

（续）

中文名称	英文名称	热导率/[W/(m·K)]	密度/(kg/m³)	比热容/[J/(kg·K)]
镀铝铜	Copper（Aluminized）	83	8666	410
硬化铝合金	Duraluminum（Strong Alloy）	180	2800	880
铬镍铁合金	Inconel	15	8500	440
因瓦合金/镍铁合金（镍含量36%）	Invar-36（Ni36）	10.15	8050	515
镍铁合金（镍含量42%）	Alloy-42（Ni42）	15.8	8200	477
可伐合金/铁镍钴玻封合金（镍含量29%，钴含量17%）	Kovar（Ni29/Co17）	16.3	8360	439
钼铜合金（钼80%，铜20%）	Molybdenum Copper（80/20）	197	9940	NA
钼铜合金（钼85%，铜15%）	Molybdenum Copper（85/15）	184	10000	NA
镍铜合金	Monel-400（Ni67/Cu30）	21.8	8800	427
铜硅碳复合材料	SiC-particle/Cu（CuSiC）	320	6600	NA
碳化硅	Silicon Carbide（Typical）	195	3260	675
硅铝合金	Silumin	164	2695	871
银镍铁	Silver Nickel Iron（SILVAR）	153	8780	NA
铋锡焊料	BiSn	19	NA	NA
铟铅合金系列焊料	PbIn（50/50）	22	NA	NA
铟铅合金系列焊料	PbIn（80/20）	17	NA	NA
锡银铜无铅锡膏	SAC（SnAgCu）	60	NA	NA
锡银铜锑无铅锡膏	SnAgCuSb	57	NA	NA
锡99.3铜0.7锡线	SnCu（99.3/0.7）	65	NA	NA
锡铜镍钎料	SnCuNi	64	NA	NA
金80锡20焊片	Solder（Au80/Sn20）	59	14520	151
金88锗12焊片	Solder（Au88/Ge12）	44	14700	151
铅90锡10焊片	Solder（Pb90/Sn10）	25	10750	142
锡63铅37焊片	Solder（Sn63/Pb37）	50.9	8400	150
锡96.5银3.5预成型焊片	Solder（Sn96.5/Ag3.5）	78.4	7400	306
低碳钢	Steel（Mild）	63	7860	420

（续）

中文名称	英文名称	热导率/[W/(m·K)]	密度/(kg/m³)	比热容/[J/(kg·K)]
不锈钢 302	Steel Stainless-302（Cr18/Ni8）	16.3	7900	500
钨铜合金（75/25）	Tungsten Copper（75/25）	190	14800	NA
钨铜合金（80/20）	Tungsten Copper（80/20）	180	15600	NA
钨铜合金（85/15）	Tungsten Copper（85/15）	167	16600	NA
钨铜合金（90/10）	Tungsten Copper（90/10）	157	17200	149

非金属材料的热导率一般在 0.025～3.0W/(m·K) 范围内。一般而言，热导率低的材料其导电性能也差。由于电子产品内部有很多需要电气绝缘的场合，所以非金属材料在电子产品内部普遍存在。表 1-3 所示为电子产品中常用非金属材料的热导率。

表 1-3 电子产品中常用非金属材料的热导率

中文名称	英文名称	热导率/[W/(m·K)]	密度/(kg/m³)	比热容/[J/(kg·K)]
聚酰亚胺	Polyimide（Typical）	0.19	1400	1100
BT 树脂	BT	0.2	1900	921
二次注塑的环氧树脂	Epoxy Overmold（Typical）	0.68	1820	882
环氧树脂	Epoxy Resin（Typical）	0.2	1120	1400
尼龙 6	Nylon-6（Typical）	0.27	1120	1600
尼龙 66	Nylon-66（Typical）	0.26	1120	2200
聚四氟乙烯	PTFE（Typical）	0.25	1139	1400
聚碳酸酯	Polycarbonate（Typical）	0.2	1200	1200
橡胶（硬）	Polyisoprene（Hard）	0.16	1130	1380
橡胶（天然）	Polyisoprene（Natural）	0.13	906	1880
聚苯乙烯	Polystyrene（Typical）	0.14	1050	1800
玻璃	Glass（Typical）	1.05	2300	836
有机玻璃	Plexiglass（Typical）	0.2	1190	1500

半导体材料是一类导电性能介于导体和绝缘体之间的材料，在电子产品中最为常见的就是硅（Si），其也是芯片的重要组成部分。如图 1-5 所示，在 0 ~ 200℃ 范围内，其热导率变化超过 1 倍。在一些热仿真软件中会对硅材料的热导率进行了随温度变化的线性拟合。

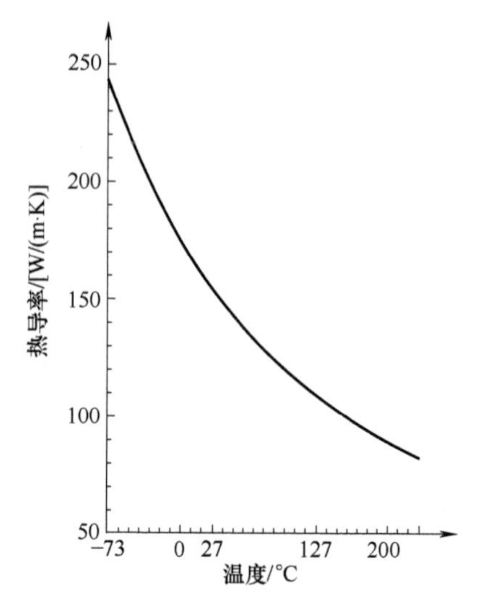

图 1-5 硅热导率随温度变化的曲线

气体的热导率一般为 0.006 ~ 0.6W/(m · K)。通常情况下，气体的热导率会受温度和压力的影响。其热导率会随温度的升高而增大，随压力的降低而减小。表 1-4 为一个标准大气压下，-40 ~ 140℃ 空气的物性参数。

表 1-4 一个标准大气压下，-40 ~ 140℃空气的物性参数

中文名称	英文名称	热导率/[W/(m · K)]	密度/(kg/m³)	比热容/[J/(kg · K)]
-40℃空气	Air -40 deg C	0.02104	1.4950	1007
-30℃空气	Air -30 deg C	0.02184	1.4330	1007
-20℃空气	Air -20 deg C	0.02263	1.3770	1007
-10℃空气	Air -10 deg C	0.02341	1.3240	1006
0℃空气	Air 0 deg C	0.02418	1.2750	1006
10℃空气	Air 10 deg C	0.02494	1.2300	1007
20℃空气	Air 20 deg C	0.02569	1.1880	1007
30℃空气	Air 30 deg C	0.02643	1.1490	1007
40℃空气	Air 40 deg C	0.02716	1.1120	1007
50℃空气	Air 50 deg C	0.02788	1.0785	1007
60℃空气	Air 60 deg C	0.02860	1.0450	1009
70℃空气	Air 70 deg C	0.02931	1.0155	1009
80℃空气	Air 80 deg C	0.03001	0.9859	1010
90℃空气	Air 90 deg C	0.03070	0.9594	1010
100℃空气	Air 100 deg C	0.03139	0.9329	1012
110℃空气	Air 110 deg C	0.03207	0.9092	1012
120℃空气	Air 120 deg C	0.03275	0.8854	1014
130℃空气	Air 130 deg C	0.03342	0.8640	1014
140℃空气	Air 140 deg C	0.03408	0.8425	1016

液体的热导率数一般为 0.07 ~ 0.7W/(m · K)，大部分的液体热导率随温度的升高而减小。表 1-5 所示为 0 ~ 140℃水的物性参数。

表 1-5　0 ~ 140℃水的物性参数

中文名称	英文名称	热导率/[W/(m · K)]	密度/(kg/m^3)	比热容/[J/(kg · K)]
0℃水	Water at 0 deg C	0.551	999.9	4212
10℃水	Water at 10 deg C	0.574	999.7	4191
20℃水	Water at 20 deg C	0.599	998.2	4183
30℃水	Water at 30 deg C	0.618	995.7	4174
40℃水	Water at 40 deg C	0.635	992.2	4174
50℃水	Water at 50 deg C	0.648	988.1	4174
60℃水	Water at 60 deg C	0.659	983.1	4179
70℃水	Water at 70 deg C	0.668	977.8	4187
80℃水	Water at 80 deg C	0.674	971.8	4195
90℃水	Water at 90 deg C	0.680	965.3	4208
100℃水	Water at 100 deg C	0.683	958.4	4220
110℃水	Water at 110 deg C	0.685	951.0	4233
120℃水	Water at 120 deg C	0.686	943.1	4250
130℃水	Water at 130 deg C	0.686	934.8	4266
140℃水	Water at 140 deg C	0.685	926.1	4287

1.1.1.3　热导率的测量

由于物质的热导率受温度、压力、成分等影响很大，采用实验方法测量热导率几乎成为获取物质热导率的唯一方法。比较主流的方法有瞬态法和稳态法两种。

瞬态法的原理主要基于式（1-2）进行，其中物质热导率 k，通过测试材料的 ρ、c_P 和 α 之后计算得出。瞬态法中比较知名的方法是激光闪射法，热扩散率 α 的测试可以参考标准 ASTM E1461—2013（Standard Test Method for Thermal Diffusivity by the Flash Method）进行。如图 1-6 所示，其核心原理是一束瞬时脉冲激光打在待测样品上表面，用红外检测器测量下表面的温度变化，从而测得的数据是待测样品的热扩散率。

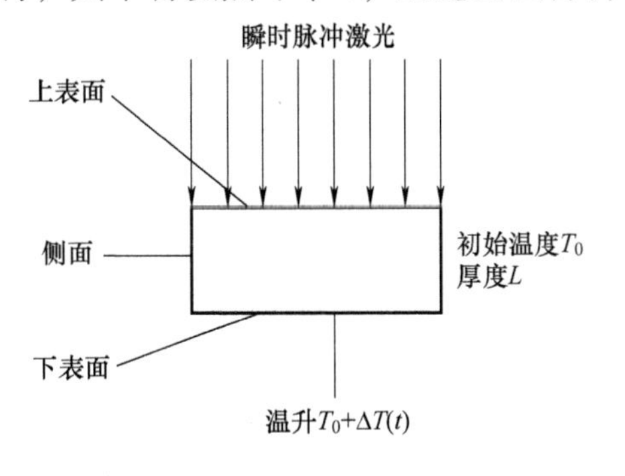

图 1-6　激光闪射法原理

$$\alpha = \frac{k}{\rho c_P} \tag{1-2}$$

式中，k 为热导率［W/(m · K)］；ρ 为材料的密度（kg/m^3）；c_P 为比定压热容［J/(kg · K)］；α 为热扩散率（m^2/s）。

稳态法的原理主要基于式（1-3）进行，其中物质的热导率 k，通过测试材料两端的温差 ΔT 后计算得出。Q 是通过待测样品的热流量，其中 A 是待测样品热流通过的横截面积。稳态法中比较知名的方法是稳态热流计法，可以参考标准 ASTM D5470—2017（Standard Test Method for Thermal Transmission Properties of Thermally Conductive Electrical Insulation Materials）进行。如图 1-7 所示，其核心原理是对待测样品施加一定的热流量和压力，测量待测样品两端的温度，从而得到待测样品的热导率。由于基于该测试方法的测试仪器会与待测样品直接接触，为了消除测试仪器与样品之间的接触影响，一般需要测试不同厚度的待测样品才能得到准确的热导率。另外，由于待测样品需要形成一定的温差，所以该方法比较适用于热导率相对较低的材料。类似金属等高热导率材料，不适宜用该方法测量热导率。

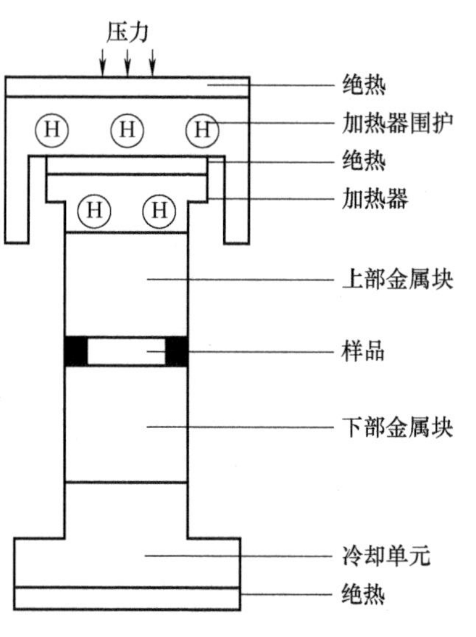

图 1-7　稳态热流计法原理

$$Q = \frac{kA}{d}\frac{1}{\Delta T} \tag{1-3}$$

式中，k 为热导率［W/(m · K)］；Q 为通过待测样品的热流量（W）；A 为待测样品热流通过的截面积（m^2）；d 为待测样品的厚度（m）；ΔT 为待测样品两端的温差（K 或℃）。

1.1.2　热阻

1.1.2.1　赤豆棒冰

1987 年，小波 6 岁。在那个物质相对匮乏的年代，夏天的晌午能吃上一根赤豆棒冰绝对是件奢侈的事情。妈妈耐不住小波的反复央求。

妈妈："师傅，赤豆棒冰多少钱一根？"

摊主："棒冰 1 角 5 分，雪糕 2 角 5 分。"

妈妈："棒冰梗断的便宜一些吗？"

摊主："断掉的 8 分一根，要几根？"

妈妈："小孩想吃，一根就可以了。"

摊主打开箱子（见图 1-8），从包裹得严严实实的棉被中拿出棒冰，说："好的，拿好……"

图 1-8　自行车上的棒冰箱

当赤豆棒冰从棉被中拿出的一刹那，小波的幼小心灵是极度的震撼和抗拒。

小波："妈妈，化的棒冰我不要吃！"

摊主："小朋友，被子里的棒冰是不会化的。你知道为什么吗？"

小波："不知道，妈妈给我棒冰！"

摊主："因为被子将棒冰保温起来了！它把棒冰和外界高温隔离开，棒冰得不到热量是不会化的。"

小波："我怕……我以为棒冰放在被子里面很暖和，会融化掉！妈妈，我还想吃一根绿豆棒冰。"

妈妈："还想吃！走，快点回家去……"

1.1.2.2　热阻的定义

在日常生活中只要有温度差，热量就会从高温物体传到低温物体。由于被子的热阻很大，很好阻碍了外界高温空气的热量传递给棒冰，所以棒冰可以维持长时间的不融化。

图 1-9 所示为一维热传导现象，根据热传导的理论，材料传递的热流量计算

公式为

$$Q = \frac{\lambda}{\delta}\Delta TA \qquad (1-4)$$

式中，λ 为材料的热导率［W/(m · K)］；δ 为材料的厚度(m)；ΔT 为材料两端的温差(℃)，$\Delta T = T_1 - T_2$；A 为热量传递方向的截面积（m^2）；Q 为材料传递的热流量（W）。

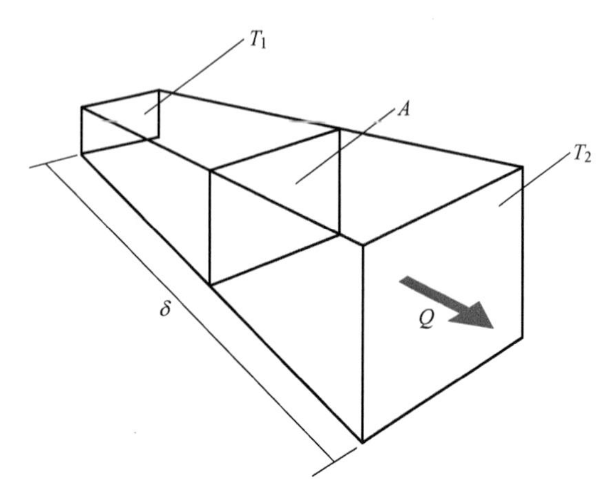

图 1-9　一维热传导现象

参照电学中的欧姆定律，将热流量 Q 视作电流量，温度差相当于电位差；而热阻相当于电阻，由此可以得到热阻的概念，其公式如下：

$$Q = \frac{\Delta T}{R} = \frac{T_2 - T_1}{R} \qquad (1-5)$$

$$Q = \frac{\Delta T}{R} = \frac{\lambda}{\delta}\Delta TA \qquad (1-6)$$

$$R = \frac{\Delta T}{Q} \qquad (1-7)$$

$$R = \frac{\delta}{\lambda A} \qquad (1-8)$$

式（1-7）为热阻表达式，表示热量在传递路径上遇到的阻力，反映了热流路径所涉及物体传热能力的强弱。热阻的单位是℃/W 或 K/W，表明 1W 热流量所引起的温差。

式（1-8）为一维热传导现象时，在热流方向的材料热阻计算公式。热阻与材料的厚度成正比，与热导率和热流方向截面积成反比。

图 1-10 所示为一个二维热传导现象。由于热量在二维方向传递时，其传递方向的截面积发生变化，所以无法基于式（1-8）计算热阻。根据热阻的基本定义，二维热传导现象中的热阻是等温线与热流量的比值。

根据热传导热阻的定义，可以得到任意两条等温线之间的热传导热阻。如图 1-10 所示，45℃等温线与 36℃等温线之间的热阻为

$$R = \frac{T_R - T_L}{Q} = \frac{45 - 36}{1}℃/W = 9℃/W \qquad (1-9)$$

式中，Q 为中间 50℃热源所产生的热流量（即 1W）。

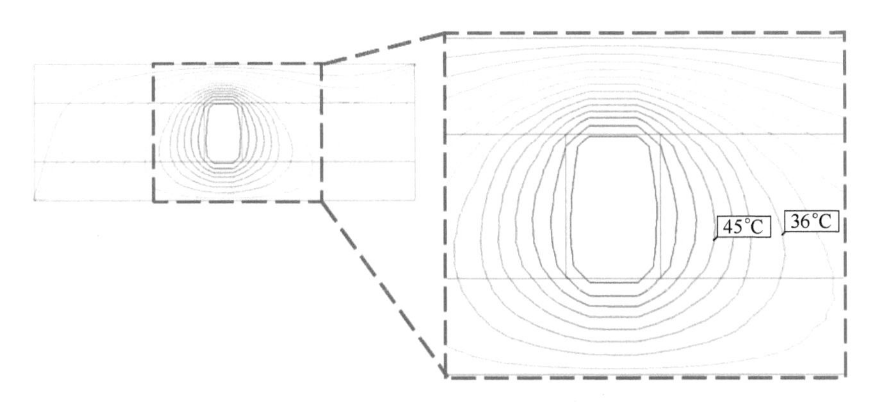

图 1-10　二维热传导中的 45℃与 36℃等温线

如图 1-11 所示，在电子产品的领域中，三维热传导才是普遍的现象。由于芯片内部结点位置产生热量，芯片表面会有明显的温度差异。对于电子产品中常见的 PCB 而言，在发热芯片密集的区域，相对而言温度会更高。电子产品外壳的温度也与内部发热元器件的布局紧密相关。根据热阻的基本定义，三维热传导现象中的热阻是等温面与热流量的比值。

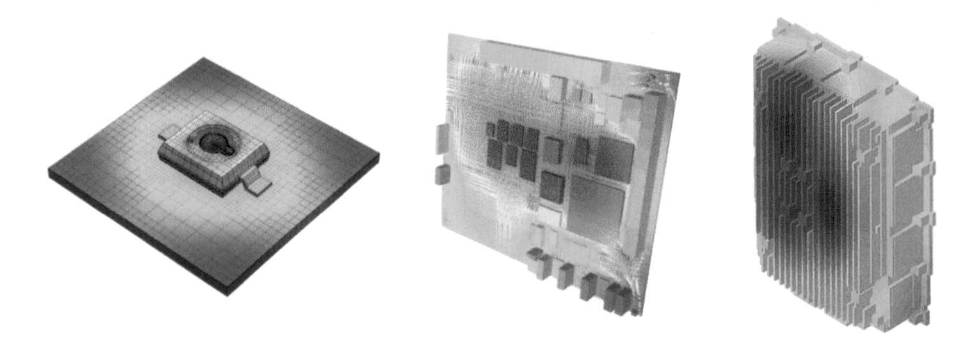

图 1-11　电子产品的三维热量传导（红色代表高温）

1.1.2.3　封装芯片的热阻

电子产品热设计的重要目标之一就是控制产品内部元器件的结温不要超过限值。由于结点位于元器件的内部，通常情况下无法直接进行测量。由此，元器件供应商会给出内部结点温度和外部表面某点的关系值。该关系值称为封装芯片的热阻。例如，某元器件的热阻 R_{JC} 为 3℃/W。由于封装芯片的外表面温度 T_C 可测量，封装芯片发热量已知，通过式（1-10）可以获得元器件内部结点温度，从而评估元器件是否符合热设计要求。

$$R_{JC} = \frac{T_J - T_C}{Q} \tag{1-10}$$

元器件厂商可以通过热测试或热仿真的方式获得封装元器件热阻，图 1-12 所示为 JEDEC（Joint Electron Device Engineering Council）标准的热阻 R_{JA} 测试或仿真环境。封装芯片经常和 PCB 或者散热器贴合在一起，芯片的热量传递是一个三维热传导的现象。芯片表面的任意位置温度受到周围环境的影响，例如 PCB 的层数、含铜量和大小等。换言之，封装芯片的热阻虽然有助于得到芯片内部的结点温度，但芯片热阻的值不仅取决于芯片，还会受到周围环境的影响。在采用元器件厂商提供的热阻来预测芯片的结点温度时，必须注意热阻测试的环境条件与实际芯片应用场合的一致性。

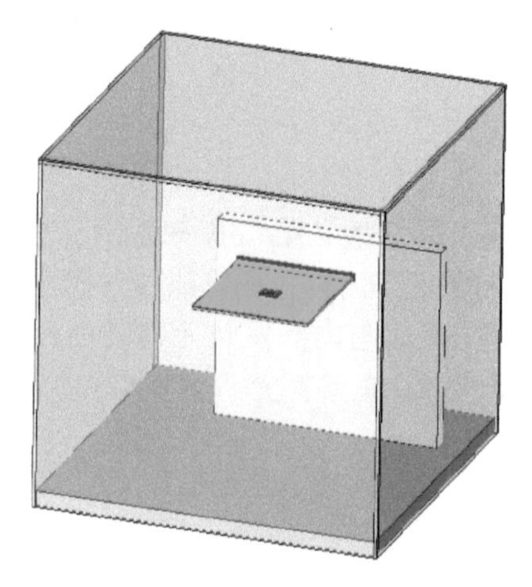

图 1-12　热测试（左）和热仿真（右）得到热阻 R_{JA}

1.1.3　热对流

1.1.3.1　煤球炉

1993 年，小波 12 岁。开始和小伙伴们在弄堂里“行走江湖”。那个年代上海的居住条件相对较差，城市里每户人家的做饭烧水多用煤球炉（见图 1-13）。煤球炉每次使用时都需要进行生火，且这个阶段烟气比较大。所以，一般都是放在自己家外的公共场地上进行。原本就狭小的弄堂，出入就更加不方便，对于小波这些频繁走动的“江湖人士”更是苦不堪言。这天朱伯正在弄堂口生火，小波和小伙伴们正好路过。

小波：“朱伯，煤球炉可以不要放在路中间吗？上礼拜隔壁弄堂的大飞追过来，我踢在上面差点摔一跤。”

朱伯：“小家伙，煤球炉生火不放在外面，难道放在你家里啊！”

小波：“嘿嘿，朱伯，放在你自己家里生火不行啊！”

朱伯：“不行，不行，家里生火，人呛得不行，屋顶都会熏黑。”

图 1-13　煤球炉

小波："那为啥屋顶会变黑啊？"

朱伯："我跟你讲，煤球炉里面的烟温度比较高，热胀冷缩之后密度就变小。旁边空气密度大，把密度小的烟气往上挤。所以，你们看到了烟往上走。烟不仅温度高，而且热量大，从炉子一直上升到木梁上，把木梁都给熏黑了。这些烟从炉子这里把热量传递到木梁那里的过程叫热对流。"

小波："哦哦哦，'热的牛''热的牛'，朱伯，你怎么知道这么多？"

朱伯："是热对流，不是热的牛，现在知道为什么屋里不能用煤球炉生火了吧！"

1.1.3.2　热对流

热对流是依靠流体的运动，将热量由一处传递到另一处的现象，属于三种基本传热方式之一。工程上的热对流现象是指单位时间有质量 M 的流体由温度 t_1 的地方流至 t_2 处，其中流体比定压热容为 c_P，则流体热对流传递的热量公式如下：

$$Q = Mc_P(t_2 - t_1) \tag{1-11}$$

式中，c_P 为流体比定压热容［J/(kg·K)］；M 为单位时间通过的流体质量［kg/(m^2·s)］。

假设煤球炉上方烟气流动的截面积为 0.2m^2，烟气的温度为 80℃，流动速度为0.2m/s，80℃时烟气的比定压热容为1009J/(kg·K)，屋顶木梁的温度为20℃。

$$Q = Mc_{\mathrm{P}}(t_2 - t_1)$$
$$M = vA\rho$$

式中，M为烟气的质量流量（kg/s）；v为烟气的流动速度（m/s）；A为烟气的流通截面积（m^2），假设为$0.2\mathrm{m}^2$；ρ为烟气的密度（$\mathrm{kg/m}^3$），假设为$1.128\mathrm{kg/m}^3$。

$$\begin{aligned} Q &= Mc_{\mathrm{P}}(t_2 - t_1) \\ &= \{0.2 \times 0.2 \times 1.128 \times 1009 \times [(273 + 80) - (273 + 20)]\}\mathrm{J/s} \\ &= 2732\mathrm{J/s} \end{aligned}$$

由此可见，通过热对流的传热方式，每秒有2732J的能量由煤球炉处传递至屋顶的木梁处。

1.1.4 热辐射

1.1.4.1 羊肉串

1995年，小波14岁。傍晚放学时学校门口应该是一天中最热闹的地方。有借作业、约架、买流行音乐卡带、借武侠小说等。让小波最感到幸福快乐的就是烤羊肉串（见图1-14）。羊肉被串在废旧自行车钢圈丝上，老板不断地拿着羊肉串在炭烤炉上翻转，偶尔拿羊肉串上下拍打一下烤炉，引出不少火星、木炭屑和小朋友的惊呼。

图1-14 烤羊肉串

令小波感到神奇的是羊肉串并没有和木炭直接接触，但一会儿工夫就“嗞嗞”地冒油。今天吃完羊肉串之后，小波没有急着把需要回收的铁签还给老板。

小波：“老板，你说说为什么羊肉串没和木炭接触，也会变熟?”

老板：“小朋友，我看你经常来吃羊肉串，我来给你讲讲。木炭是通过热辐射的方式把羊肉给烤熟了。木炭的温度有好几百摄氏度，源源不断地通过热辐射的方式把热量传递给羊肉。明白不?”

小波：“哦哦，好像有点明白了。”

老板：“由于羊肉和木炭没直接接触，所以羊肉也不容易烤焦，正反面翻转是为了让羊肉受热更均匀，味道也更好。”

小波：“老板，吃你的羊肉串真是长知识，再给我来五串，多放些鲜辣粉!”

老板：“你先把铁签还给我……”

1.1.4.2　热辐射的本质和特点

热辐射是物体由于自身温度或热运动而辐射电磁波的现象，是一种物体通过电磁辐射的形式把热能（量）向外散发的传热方式。电磁波的波长范围可以从几万分之一微米到数千米，它们的名称和分类如图 1-15 所示。

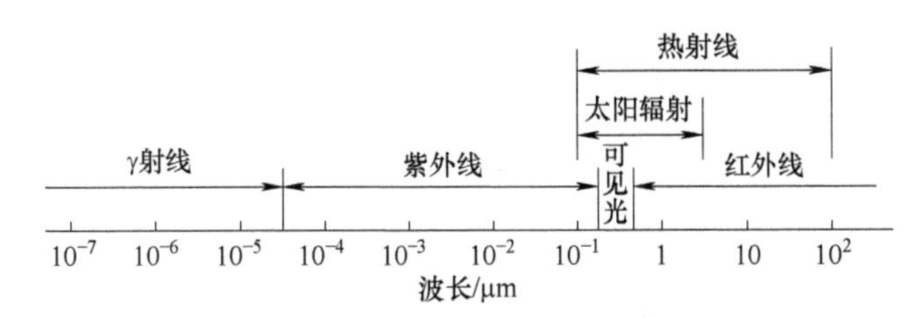

图 1-15　电磁波谱名称和分类

通常把波长为 0.1 ~ 100μm 的电磁波称为热射线，其中包括了部分紫外线、可见光和红外线，它们投射到物体上能产生热效应。工程上所遇到的温度范围一般在 2000℃以下，热辐射的大部分能量位于红外线区段的 0.76 ~ 20μm，这称为红外辐射。太阳辐射的主要能量集中在 0.2 ~ 2μm 的波长范围，其中可见光区段占有很大比重。由于实际物体对投射到表面的短波（太阳辐射）和长波（红外辐射）会有不同的效应，所以电子产品领域通常会将太阳辐射和红外辐射区别处理。

热辐射的传热方式主要具有以下三个特点：

1）热辐射不依赖物体的接触而进行热量传递，并且热辐射是以电磁波的方式传输，所以热量的传递也不需要任何空间媒介，可以在真空中进行。

2）辐射换热过程伴随着能量形式的二次转化，即物体的部分内能转化为电磁波能发射出去，当此电磁波投射至另一物体表面被吸收时，电磁波能又转化为内能。

3）一切物体只要其温度 $T>0\mathrm{K}$（$-273℃$），都会不断地发射热射线。当物体间有温差时，高温物体辐射给低温物体的能量大于低温物体辐射给高温物体的能量，因此总的结果是高温物体把能量传递给低温物体。

当热射线投射到物体上时，其中部分被物体吸收，部分被反射，其余则透过物体。假设投射到物体上全波长范围的总能量为 G，被吸收 G_{α}、反射 G_{ρ}、透射 G_{τ}，根据能量守恒定律可得

$$G=G_{\alpha}+G_{\rho}+G_{\tau} \tag{1-12}$$

若等式两端同除以 G，可得

$$\alpha+\rho+\tau=1 \tag{1-13}$$

式中，$\alpha=\frac{G_{\alpha}}{G}$，称为物体的吸收率，它表示物体吸收的能量占投射至物体总能量的百分比；$\rho=\frac{G_{\rho}}{G}$，称为物体的反射率，它表示物体反射的能量占投射至物体总能量的百分比；$\tau=\frac{G_{\tau}}{G}$，称为物体的透射率，它表示物体透射的能量占投射至物体总能量的百分比。

对于固体或液体而言，热射线进入表面后，在一个极短的距离内就会被完全吸收，所以认为热射线不能穿透固体和液体。对于固体和液体，可得

$$\alpha+\rho=1 \tag{1-14}$$

如图 1-16 所示，热射线投射到物体表面之后，会有镜面反射和漫反射之分。对于镜面反射，反射角等于入射角。高度磨光的金属表面是镜面反射的实例。对于漫反射，反射能均匀分布在各个方向。

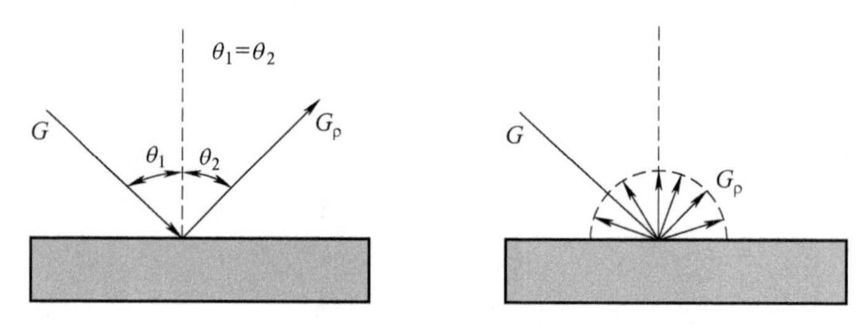

图 1-16　镜面反射（左）与漫反射（右）

对于气体而言，热射线可被吸收和穿透，即没有反射，故可得

$$\alpha+\tau=1 \tag{1-15}$$

如果物体能全部吸收外来热射线，即 $\alpha=1$，则这种物体被定义为黑体；如果物体能全部反射外来热射线，即 $\rho=1$，则无论是镜面反射还是漫反射，统称为白体；外来热射线能全部透过物体，即 $\tau=1$，则称为透明体。

现实生活中并不存在黑体、白体与透明体。它们只是热辐射的理想模型。这里的黑体、白体、透明体都是对于全波长射线而言。在一般温度条件下，由于可见光在全波长射线中只占小部分，所以物体对于外来热射线吸收能力的高低不能凭物体的颜色来判断，白颜色的物体不一定是白体。

物体表面在一定温度下，会朝表面上方半球空间的各个不同方向发射各种不同波长的辐射能。单位时间内，物体的每单位面积向半球空间所发射全波长的总能量称为辐射力，用符号 E 表示，单位为 W/m^2。

我们将实际物体的辐射力与同温度下黑体的辐射力之比称为该物体的发射率，也称为黑度。其表征了实际物体的热辐射与黑体热辐射的接近程度。表 1-6 所示为电子产品常见表面的发射率。

表 1-6　电子产品常见表面的发射率

中文名称及表面状况	英文名称及表面状况	表面发射率
氧化铝	Anodized Aluminium	0.8
粗糙铝板	Rough Plate Aluminium	0.06
铝合金硬质阳极氧化	Aluminium Hard Anodized	0.8
铝合金软阳极氧化	Aluminium Soft Anodized	0.76
商用铝	Commercial Aluminium	0.09
抛光铝板	Polished Plate Aluminium	0.038
抛光黄铜	Polished Brass	0.028
轻度变色铜	Lightly Tarnished Copper	0.037
抛光金	Polished Gold	0.01
未抛光金	Unpolished Gold	0.47
抛光铸铁	Cast Polished Iron	0.21
磨光铁	Ground Bright Iron	0.24
生锈铁	Rusted Iron	0.65
氧化镍	Oxidized Nickel	0.41
抛光镍	Polished Nickel	0.045
抛光铂金板	Polished Plate Platinum	0.054
抛光银	Polished Silver	0.022
低碳钢	Mild Steel	0.2
氧化钢板	Oxidized Sheet Steel	0.8
抛光钢板	Polished Sheet Steel	0.08
石棉	Asbestos	0.1
陶瓷	Ceramic	0.9

（续）

中文名称及表面状况	英文名称及表面状况	表面发射率
硬质橡胶	Hard Rubber	0.95
红外不透明塑料	Infrared Opaque Plastic	0.95
软橡胶	Soft Rubber	0.86
典型陶瓷封装	Typical Ceramic Package	0.9
典型风扇表面	Typical Fan Surface	0.9
典型塑料包装	Typical Plastic Package	0.9
铝粉漆喷涂	Aluminium Paint	0.35
明亮紫胶	Bright Shellac	0.82
暗色紫胶	Dull Shellac	0.91
非金属喷涂	Non-metallic Paint	0.9
红丹底漆	Red Lead Primer	0.93
典型油漆	Typical Oil Paint	0.92

1.1.4.3 太阳辐射

太阳是一个超高温气团，其中心进行着剧烈的热核反应，温度高达数千万摄氏度。由于高温的缘故，它向宇宙空间辐射的能量中有99%集中在$0.2\mu m \leq \lambda \leq 3\mu m$的短波区。从大气层外缘测得的太阳单色辐射力表明，它和温度为5762K的黑体辐射相当。大气层外缘和地面上太阳辐射光谱如图1-17所示。

当地球位于和太阳的平均距离上，在大气层外缘并与太阳射线相垂直的单位表面所接收到的太阳辐射能为$1353W/m^2$，称为太阳常数S_c，如图1-18所示。

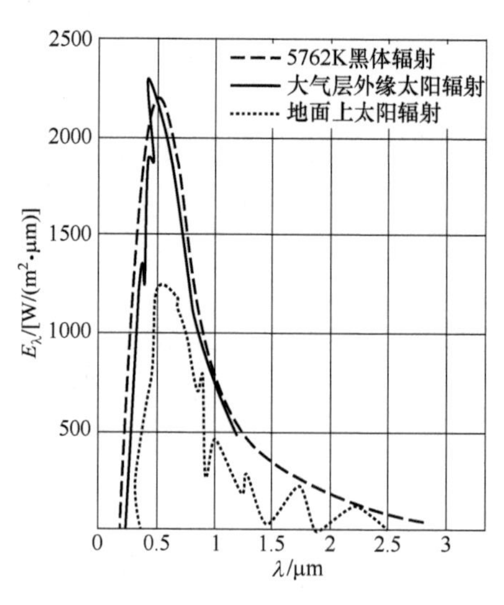

图1-17 大气层外缘和地面上太阳辐射光谱

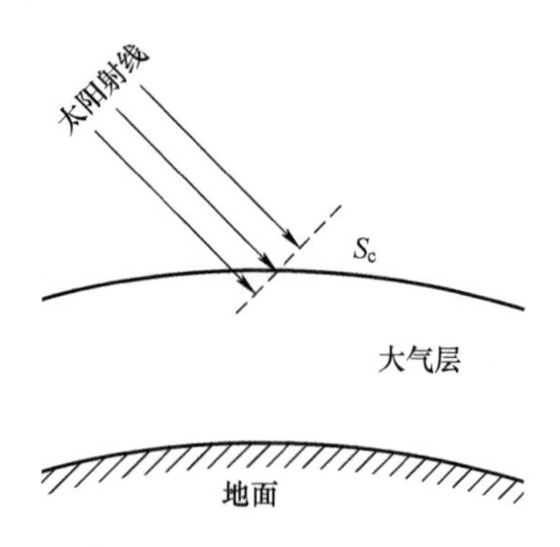

图1-18 大气层外缘的太阳常数

由于大气中存在 H_2O、CO_2、O_3、尘埃等，对太阳射线有吸收、散射和反射作用，实际到达地面在与太阳射线垂直的单位面积上的辐射能将小于太阳常数。

投射到地面的太阳辐射可分为直接辐射和天空散射，在天空晴朗时两者之和称为太阳总辐射密度，或称太阳总辐照度（W/m^2）。

通信行业中一些放置于户外的设备温度会受到太阳辐射的影响，在这些设备的设计过程中需要考虑太阳辐射的影响，可通过一些隔热层、遮掩外壳的设计（见图 1-19），尽可能降低太阳辐射对设备内部温度的影响。

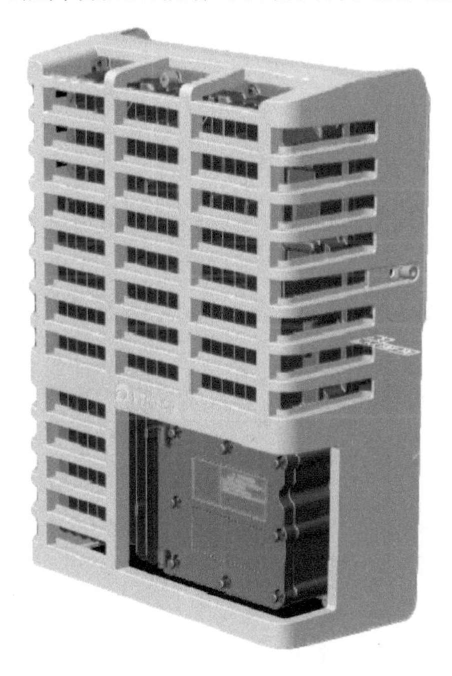

图 1-19　具有防辐射罩的室外通信基站

1.1.4.4　红外辐射

两任意放置黑体平表面 A_1 和 A_2 间的辐射换热计算式为

$$\phi_{12} = (E_{b1} - E_{b2})X_{12}A_1 = (E_{b1} - E_{b2})X_{21}A_2 \tag{1-16}$$

式中，ϕ_{12}为表面 A_1 和表面 A_2 之间的换热量；E_{b1} 为表面 A_1 的辐射力；E_{b2} 为表面 A_2 的辐射力；X_{12}为表面 A_1 对表面 A_2 的平均角系数；X_{21}为表面 A_2 对表面 A_1 的平均角系数。平均角系数仅表示投射辐射能中到达另一个表面的百分数，而与另一表面的吸收能力无关。平均角系数 X_{12} 表示 A_1 表面辐射的能量中落到 A_2 上的百分数。A_1 表示表面 A_1 的表面积；A_2 表示表面 A_2 的表面积。

根据斯蒂芬-玻尔兹曼定律，两黑体大平壁间的辐射换热量可通过下式计算：

$$\phi_{12} = (T_1^4 - T_2^4)\sigma_b A_1 \tag{1-17}$$

式中，两黑体的温度分别为T_1、T_2，此温度为开尔文温度。由于是大平壁，假设没有逸出的辐射热量，即$X_{12}=X_{21}=1$。σ_b是斯蒂芬-玻尔兹曼常数，值为$5.67\times10^{-8}W/(m^2\cdot K^4)$。

现实生活中或电子产品领域不存在黑体，实际物体表面可视作是发射率小于1的灰体。由于灰体表面（非凹面）对周围空气的角系数等于1。因此，灰体表面（非凹面）和周围环境空气之间的辐射换热量公式可以简化为

$$\phi_1=(T_1^4-T_a^4)\sigma_b\varepsilon_1 A_1 \tag{1-18}$$

式中，T_1是灰体的表面温度；T_a是周围环境空气的温度；ε_1是灰体的发射率；A_1是灰体的表面积。图1-20所示为室外通信基站，下面将计算其表面温度为50℃，环境温度为30℃时，对周围环境的辐射换热量。假设基站表面的发射率为0.8，表面积为$0.5m^2$。代入式（1-18），得

$$\phi_1=\{[(50+273)^4-(30+273)^4]\times5.67\times10^{-8}\times0.8\times0.5\}W\approx56W$$

图1-20　室外通信基站

1.1.5　对流换热

1.1.5.1　暑假的下午

1996年，小波15岁。在那个空调尚未普及的年代，8424西瓜、草席和风扇是小波暑假的降温神器。8424的最大特点就是汁多爽口和皮脆，切刀一碰，西瓜就会裂开。小波喜欢将西瓜一切为二，捧着西瓜挖着吃。吃完躺在草席上，将风扇调到最快档，一会儿就进入了睡眠模式。

五点妈妈下班回家，发现小波坐在椅子上精神不算太好。一摸额头，好像温度不低，赶紧带上往镇上中心医院跑。

医生：“38.9℃，小朋友有寒热，要吃点儿药看看，不行再来打针。”顺手甩了甩体温计。

妈妈：“我中午上班出门的时候还好好的，怎么一会儿就感冒了？”

医生：“着凉了，是不是睡觉时开电风扇了？”

妈妈：“这种天，不开电风扇怎么睡得着。”

医生：“是不是电风扇对着吹，电风扇有没有摇头？”

妈妈看了小波一眼。

小波点了点头，说：“医生，电风扇没摇头，最快档，吹得很舒服。”

医生：“没啥好说的，就是着凉了！”

小波：“医生，怎么吹电扇就会着凉啊，什么原因啊？”

医生：“你真想知道？”

小波：“嗯嗯，嗯嗯！”

医生随手翻了下抽屉，没找到纸，索性在小波的病例本上写了个公式（见图 1-21）。

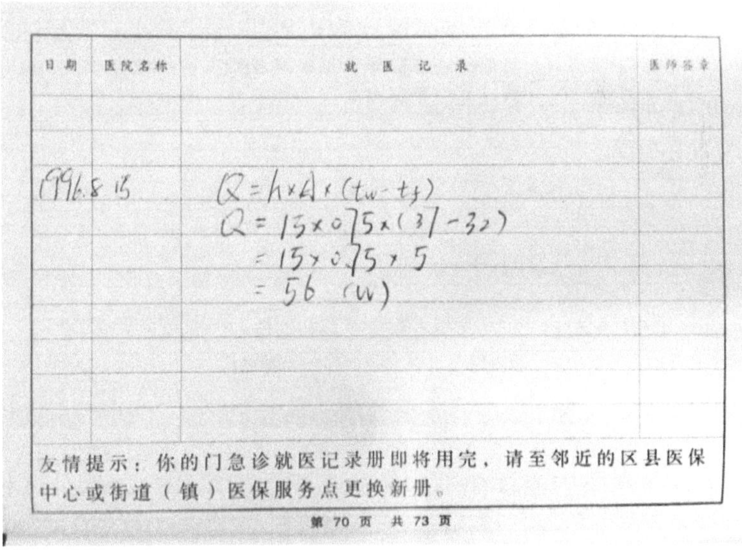

日期	医院名称	就医记录	医师签章
1996.8.15		$Q=h\times A\times(t_w-t_f)$ $Q=15\times0.75\times(37-32)$ $=15\times0.75\times5$ $=56$ (W)	

友情提示：你的门急诊就医记录册即将用完，请至邻近的区县医保中心或街道（镇）医保服务点更换新册。

第 70 页　共 73 页

图 1-21　对流换热公式

医生：“这个是对流换热计算公式，Q 是对流换热量，也就是你睡觉时电风扇给你散掉的热量。h 是对流换热系数，这个系数主要取决于你周围的空气风速。如果开了快档，怎么也有个 2m/s，我估计换热系数 h 大概有个

15W/(m²·K)。”

小波：“医生，这个A是什么啊?”

医生：“A是你暴露在空气中的表面积。来来，你有一米五吧?”

小波：“最近我妈正好给我做了一套睡衣裤，用了差不多一尺五的的确良。”

医生：“那就简单了，算你一半的身体暴露在空气中，那就是$0.75m^2$。t_w是你的体温，差不多37℃。t_f是你睡着时候的周围空气温度，估计有个32℃。算出来差不多56W，你看这就是你睡觉时散掉的热量，一开始可能蛮舒服，睡着了能不着凉嘛!”

小波：“医生，你这么厉害，这个也知道!”

医生：“哈哈，这个不算什么，药已经开好了，回去多喝热水，下次睡觉时电风扇别对着吹，最好盖条毯子……”

1.1.5.2 对流换热的原理

对流换热是流体与固体壁直接接触时所发生的热量传递过程，由热传导和热对流两种基本传热方式组成。对流换热与热对流不同，它已不再是基本传热方式。当具有黏性且能润湿物体表面的流体流过物体表面时，黏滞力将制动流体的运动，使靠近物体表面的流体速度降低。在距离物体表面非常近的一段距离之内，速度的变化非常剧烈。如图1-22所示，当流体外掠平板时，在靠近平板的近壁面形成流体薄层，该流体薄层称为边界层。由于这一薄层的流体不流动，所以平板的热量首先通过热传导的方式进行传递。当热量进入流体的主流核心区之后再通过热对流的方式传递。

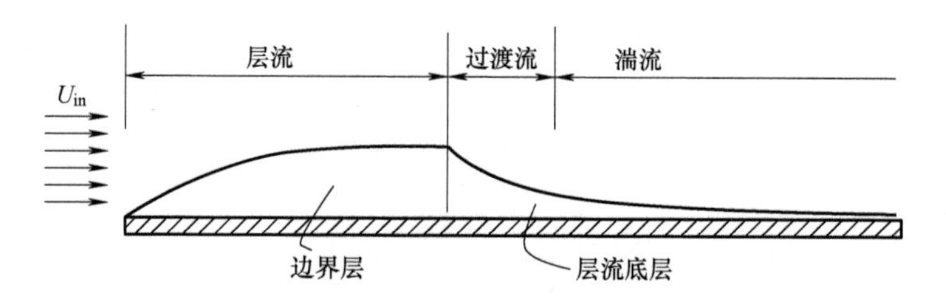

图1-22 对流换热时的近壁面边界层

根据对流换热现象中流体流动起因的不同，可以分为自然对流和强迫对流。自然对流是由于流体各个部分温度不同而引起的密度差异所产生的流动。如图1-23所示，智能手机的温度要高于周围环境空气，热量进入空气之后，空气温度升高，密度变小，从而引起空气缓慢流动。强迫对流是由于流体受外力，如风扇的作用而产生的流动。如图1-24所示，电子产品内部的空气流动是由风扇工作而引起的。

图 1-23　自然对流冷却的智能手机

图 1-24　强迫对流冷却的电子产品

1701 年牛顿提出了计算对流换热的基本公式，称为牛顿冷却定律，即

$$Q = hA(t_w - t_f) \tag{1-19}$$

式中，h 为对流换热系数 [W/(m^2·K)]；A 为物体表面积（m^2）；t_w 为物体表面温度（K）；t_f 为流体温度（K）。

其中 h 的大小代表了该对流换热过程的强弱，由于 h 受物体表面粗糙度、几何尺寸、形状以及流体物性、流速等诸多因素的影响，在计算表面传热系数时，一般会根据流体流动的起因、状态以及物体的形状进行分类。表 1-7 所示为常用流体的对流换热系数。

表 1-7　常用流体对流换热系数

流体	流动起因	对流换热系数/[W/(m^2·K)]	
		范围	典型值
空气	自然对流	3~12	5
空气	强迫对流	10~100	50
水	自然对流	200~1000	600
水	强迫对流	100~15000	8000

1.2 流体力学

流体力学是力学的一个分支，它研究流体在静止和运动下的力学规律。电子产品的热量很多时候会通过气体或液体以对流换热的方式进行传递。掌握流体力学的基本概念有助于分析热量的传递路径和进行强化传热。本章以王家卫的两部电影作为引子，介绍了流体力学里面的两个重要概念：流体流态和能量损失。

1.2.1 流体流态

1.2.1.1 《东邪西毒》

旁白：

那天起，没有人再见过慕容燕或慕容嫣

数年后

江湖上出现一个奇怪的剑客

没有人知道他的来历

只知道，他喜欢跟自己的倒影练剑

他有一个很特别的名字

叫独孤求败……

《东邪西毒》——王家卫

独孤求败（林青霞饰）轻立于湖面，充满杀气的眼神凝视微动的湖面。突然间，手握剑柄的声响惊动林中白鹭。如图 1-25 所示，利剑出鞘，身形灵动，湖面激起数道水柱……

图 1-25 倒影练剑

在独孤求败拔剑之前，湖面平静，水流平缓流动，各个流层间互不掺混，流体的这种运动状态称为层流。剑气击湖，掀起数丈水流，流体流动无序，各个流层间剧烈掺混，流体的这种状态称为湍流。湖水在层流至湍流状态变化过程中，会经历一个过渡状态。故自然界中流体必处于层流、过渡流和湍流三种状态之中的一种。

1.2.1.2　层流和湍流

1883 年英国物理学家雷诺进行了一系列经典的流体流动状态实验。如图 1-26 所示，实验时，水箱 A 内水位保持不变，阀门 K 用于调节流量。容器 B 内存有颜色水，经过细管 E 进入玻璃管 D，阀门 C 用于控制颜色水的流量。

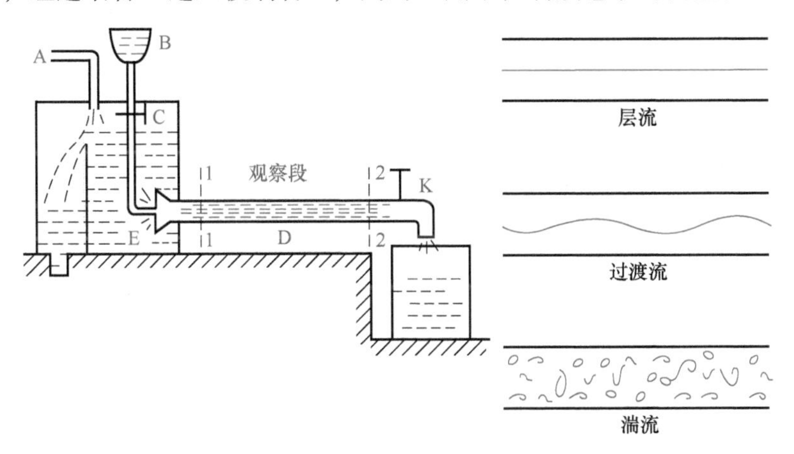

图 1-26　流体流动状态实验

当 D 管内流速较小时，管内颜色水成一股细直的流束，此时各液层之间毫不相混。这种分层有规则的流动状态称为层流。当阀门 K 逐渐开大，流速增加到某一临界流速时，颜色水出现摆动。继续增大流速，则颜色水迅速与周围清水相混。此时，液体质点的运动轨迹是极不规则的，各部分流体互相剧烈掺混，此时流体流动的状态称为湍流。

雷诺等人基于上述实验，后期做了进一步研究发现，流体流动状态不仅和流体流速有关，还与 D 管的管径，流体的动力黏滞系数和密度有关。换言之，流体的流态是层流还是湍流取决于流体流速、管路几何结构、流体动力黏滞系数、密度四个因素。

在流体与固体进行对流换热的过程中，湍流状态的流体换热要比层流来得更强和充分，相对的换热效果也更好。

对于一些流体流动现象，可以通过雷诺数来判断其流动状态。

如图 1-27 所示，对于管内流动而言，其雷诺数（Re）定义式如下：

$$\mathrm{Re}=\frac{ud}{v} \tag{1-20}$$

式中，u 为流体流速（m/s）；d 为特征尺寸，圆管直径（m）；v 为流体运动黏度（m^2/s）。

当 $Re < 2300$ 时，流体流动状态为层流；当 $2300 < Rc < 10^4$ 时，流体流动状态为过渡流；当 $Re > 10^4$ 时，流体流动状态为湍流。

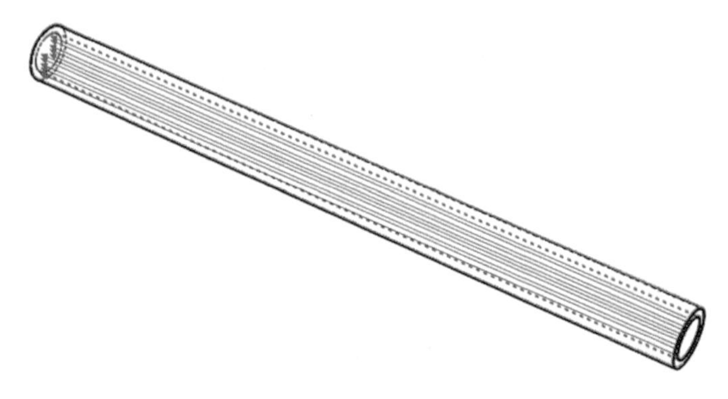

图 1-27　管内层流流动

如图 1-28 所示，对于外掠平板流动而言，其 Re 定义式如下：

$$Re = \frac{ul}{v} \tag{1-21}$$

式中，u 为流体流速（m/s）；l 为特征尺寸，平板长度（m）；v 为流体运动黏度（m^2/s）。

当 $Re < 5 \times 10^5$ 时，流体流动状态为层流；当 $Re > 5 \times 10^5$ 时，流体流动状态为湍流。实际情况中，流体流态由层流转变为湍流的 Re 也受平板表面粗糙度和扰动源的影响，只是在一般情况下将 5×10^5 作为流体外掠平板流态变化的临界 Re。

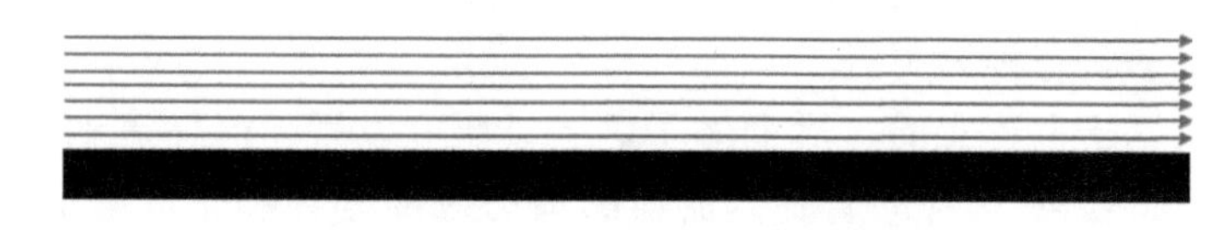

图 1-28　外掠平板层流流动

一般来说，湍流是普遍的，而层流则属于个别现象。

智能手机在工作时，热量通过对流换热的形式进入周围空气中。此时，智能手机周围的空气流速缓慢，可以视作空气是层流流动。如果智能手机在工作时，将其置于风扇下进行吹风，此时空气流速较高且流向也存在变化，手机周围的空气流动可以视作湍流。如图 1-29 所示，两种情况下手机的热功率相同，强迫对流冷却的手机表面温度更低，散热效果更好。

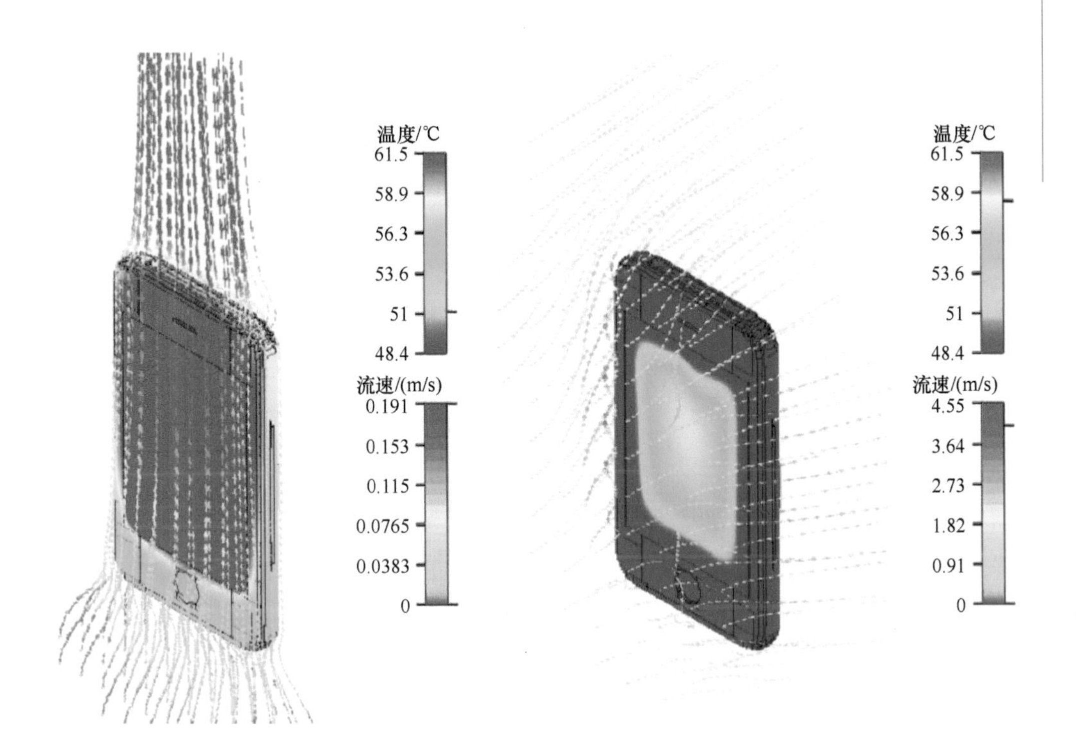

图 1-29　自然对流（左）和强迫对流（右）时智能手机周围的流体流动和表面温度

1.2.2　流动阻力和能量损失

1.2.2.1　《重庆森林》

阿菲："喂，表哥啊？我现在还在菜市场呢！

对啊，我这下大雨，特大，你听听。"

表哥："真的假的？我们这里出大太阳呢！"

阿菲："地区性雷阵雨吧！大雨停了我就马上回来了。"

表哥："记住把电费交了。"

阿菲："知道了，知道了……"

《重庆森林》——王家卫

速食店的服务员阿菲（王菲饰）喜欢上了片区警察 663（梁朝伟饰），每天下午偷偷跑到警察 663 家里打扫和整理。以上对白是片中阿菲为了应付速食店老板表哥的外出询问，特意用喷淋花洒营造下大雨无法回店的场景（见图 1-30）。

图 1-30　阿菲打扫卫生

图 1-31 所示是阿菲打扫卫生时所用的淋浴花洒，由于水在流动过程中受到水管壁反流动方向的摩擦力作用，水从花洒出来需要克服一定的阻力损失。换言之，必须提供一定的能量才能使水流从花洒出来。

图 1-31　淋浴花洒

1.2.2.2　沿程损失和局部损失

水流克服流动阻力的能量损失可以分为两大类。如图 1-32 所示，由于手柄内部管径在水流方向上不变，水流克服手柄管路的能量损失为沿程损失。其压强计算公式为式（1-22）。沿程阻力系数 λ 主要取决于流体流态（层流、湍流）、管路的几何结构、管路内部的表面粗糙度等。花洒头的几何结构较为复杂，为了克服花洒头的能量损失为局部损失。其压强计算公式为式（1-23）。局部阻力系数 ζ 主要取决于流体流态（层流、湍流）和局部区域几何结构。对于水而言，常用水泵提供水在流动过程中的沿程和局部能量损失。

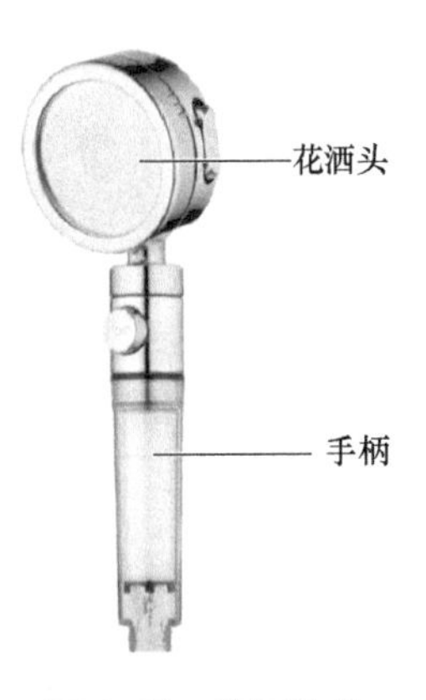

图 1-32　花洒结构

$$P_{沿} = \frac{1}{2}\lambda\rho v^2 d \tag{1-22}$$

式中，$P_{沿}$ 为沿程能量损失（Pa）；λ 为沿程阻力系数；d 为管道直径；ρ 为流体密度（kg/m^3）；v 为流体速度（m/s）。

$$P_{局} = \frac{1}{2}\zeta\rho v^2 \tag{1-23}$$

式中，$P_{局}$ 为局部能量损失（Pa）；ζ 为局部阻力系数；ρ 为流体密度（kg/m^3）；v 为流体速度（m/s）。

对于气体而言，在流动过程中也存在沿程损失和局部损失，通常会采用风扇来克服这些能量损失。沿程损失和局部损失取决于流体流速、密度和流体周围几何形体等因素。如图 1-33 所示，对于通信产品的服务器而言，空气由进口至出口的能量损失主要由风扇提供。

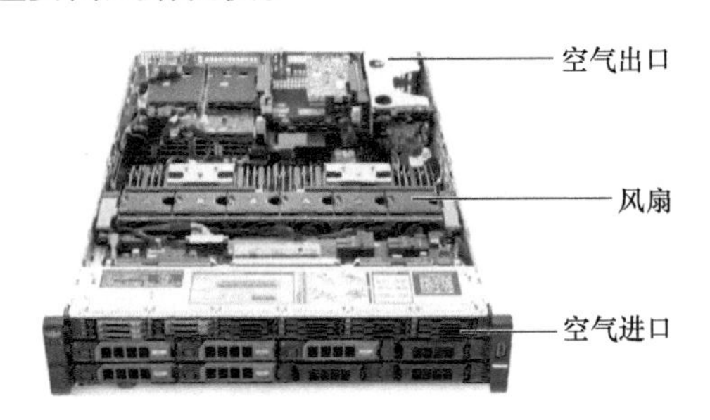

图 1-33　服务器内风扇提供流动阻力能量损失

1.3　小　　结

1. 热阻等于温差除以热功耗。

2. 热传导现象发生在物体内部，或者两个直接接触的物体，依靠微观粒子进行热量传递。

3. 热对流是依靠流体运动把热量进行传递的现象。

4. 热辐射换热不需要物体接触，物体表面温度和发射率是影响热辐射换热量的重要参数。

5. 流体与固体间的对流换热是热传导和热对流耦合的现象，对流换热强弱受到流体流速影响很大。

6. 流体流动状态主要分为层流和湍流两种。

7. 流体流动过程中的能量损失可以分为沿程损失和局部损失，损失能量的大小与流体的速度和物性，以及流经的物体表面状况和结构等因素有关。

第2章 热设计基础

产品所采用的热设计技术和方案主要取决于产品的市场定位和功能。对于任何产品的热设计而言，最为重要且必须的是清晰了解产品的定位、功能和应用场景等信息，并且将以上信息转化为热设计的规格要求。在热设计规格确定之后，热设计方案的确定决定了整个产品之后的研发顺利与否。通过了解行业内类似产品的热设计架构，以及参考分析公司内部过往的产品设计，有助于确定一个合理且有效的热设计方案。基于热仿真技术可以快速评估产品不同热设计方案是否满足设计规格，以及热设计方案中是否存在风险，为方案的优化提供基础和方向。热测试主要是验证产品热设计方案的有效性，作为热设计成功与否的重要评判工作。实际产品的热设计工作属于研发设计的一个组成部分，而产品的设计指标（包括使用环境温度、芯片规格、工作性能、噪声等）成本和产品化又相互制约和影响，真正的产品热设计工作受限和考虑的因素非常多，这可能也是产品热设计所面临巨大挑战的原因。

2.1 三国演义

东汉末年，皇帝昏聩无能，宦官专权，朝廷腐败，百姓苦不堪言，进而爆发了大规模农民起义——黄巾起义。乱世之中，一代枭雄与英雄人物竞相涌现。

曹操“挟天子以令诸侯”，迎汉献帝于许昌建都，并运用权谋除去了吕布、袁术等人。在其后的官渡之战中，曹操以少胜多大败袁绍，继而一统北方，为此后魏国的建立奠定了坚实的基础。

在江东，孙坚之子孙策多年苦心经营，终于称霸江东六郡八十一州。孙策亡故后，其弟孙权继业。孙权在周瑜等人的扶持下，为吴国的建立积聚了强大的实力。

刘备则与关羽、张飞桃园结义，共同立起辅佐汉室的大旗。刘备在汝南遭曹操战败，投奔荆州刘表。而后刘备三顾茅庐，请得足智多谋而又心怀天下的诸葛亮辅佐。

曹操统一北方后开始举兵南征，矛头直指荆州和江都。此时，刘表亡故，其长子刘琦守江夏。次子刘琮接管荆州，后投降曹操，于是荆州落入曹操手中。面对曹操南征之势，刘备遣诸葛亮往江东与孙权结盟。诸葛亮凭借机智在江东舌战群儒，最终促成孙刘联盟，并在赤壁之战中通过反间计、连环计、苦肉计等一系列有步骤、有计划的行动，大破曹军，谱写了中国古代战争史上以少胜多的光辉篇章。

刘备在诸葛亮的劝说下打败刘璋，夺取西川，并从曹操手中夺得汉中，自封汉中王。后东吴与曹魏修好，孙权受封南昌侯。东吴大将吕蒙以白衣渡江之计夺取荆州。此时正在攻打樊城的关羽不得不退守麦城并在突围过程中被擒。关羽宁死不降而被孙权斩首。与此同时，曹操去世，其子曹丕继承魏王的爵位，进而篡汉称魏帝；刘备也已在益州称帝，国号汉；孙权则坐镇江东一方。至此，天下大势已定，三国鼎立局面形成。

三国演义其本质就是魏蜀吴三国之间相互制衡，通过不懈努力最终达成统一的过程。电子产品热设计的过程与此极为相似，要在电子产品外部工作环境温度、内部元器件热功耗和温度三者之间寻找一个平衡和解决方案，从而保证电子产品可以长期可靠的运行。

2.2 热设计的概念

电子产品热设计是指采用合适的技术和方案来控制产品内部所有元器件或

外部表面的温升，使其在最恶劣环境条件下长期稳定的工作。

1. 环境条件

最恶劣环境条件可以分为自然环境和应用环境。自然环境主要指温度和压力，例如标准《网络设备构建系统要求：物理防护》（GR－63－core NEBS Requirements：Physical Protection）规定的前后风道产品的环境条件为海拔 950m 和环境温度 45℃。这两个参数就确定了最恶劣的自然环境，最高 45℃的环境温度直接影响到产品内外部的温度。海拔为 950m 时的大气压力是海拔为 0m 时的 90%，相应的空气密度也只有海拔为 0m 时的 90%。也就是说，电子产品位于高海拔时，其散热能力要低于处于海拔为 0m 时的状态。对于一些室外应用的电子产品而言，太阳辐射也属于一种特殊的恶劣环境条件，会给产品的热设计带来更大的挑战。

应用环境是指电子产品在实际使用中的周围环境，其对产品的温度也存在影响。图 2-1 所示为笔记本电脑的掀盖模式（Clamshell Model），笔记本电脑的进风会受到下方桌面的影响，相应的散热能力也会下降。

图 2-1　笔记本电脑的掀盖模式

2. 允许温升

在产品的最恶劣环境温度确定之后，产品所有元器件或外部表面的允许温升目标也随之确定。根据元器件类型的不同，元器件的温度要求也有所差异。如图 2-2 所示，元器件规格书中推荐的最大元器件结点温度为 150℃，其中结温是指集成电路元器件内部硅单晶片的温度。

Absolute Maximum Ratings

■ Junction Temperature ···································· 150℃

图 2-2　某集成电路推荐的最大元器件结点温度

元器件结点温度的规格通常可以在元器件规格书中获得。如果元器件规格书中未注明相关信息，可以类比元器件封装、尺寸和类型接近的元器件进行参考。在实际的元器件结温规格确定时，鉴于可靠性方面的考虑，也会对元器件结点温度做一定的降额。表 2-1 所示为常用元器件结温降额表。

表 2-1　常用元器件结温降额表

<table>
<tr><th colspan="2" rowspan="2">元器件种类</th><th colspan="2" rowspan="2">降额参数</th><th colspan="3">降额等级</th></tr>
<tr><th>Ⅰ</th><th>Ⅱ</th><th>Ⅲ</th></tr>
<tr><td rowspan="5">集成电路</td><td>线性电路</td><td colspan="2">最高结温 T_{Jm}/℃</td><td>80</td><td>95</td><td>105</td></tr>
<tr><td>电压调整器</td><td colspan="2">最高结温 T_{Jm}/℃</td><td>80</td><td>95</td><td>105</td></tr>
<tr><td>双极型数字电路</td><td colspan="2">最高结温 T_{Jm}/℃</td><td>85</td><td>100</td><td>115</td></tr>
<tr><td>MOS 和 CMOS 电路</td><td colspan="2">最高结温 T_{Jm}/℃</td><td>85</td><td>100</td><td>110</td></tr>
<tr><td>混合电路</td><td colspan="2">最高结温 T_{Jm}/℃</td><td>85</td><td>100</td><td>110</td></tr>
<tr><td rowspan="18">分立半导体器件</td><td rowspan="3">双极晶体管</td><td rowspan="3">最高结温 T_{Jm}/℃</td><td>200</td><td>115</td><td>140</td><td>160</td></tr>
<tr><td>175</td><td>100</td><td>125</td><td>145</td></tr>
<tr><td>≤150</td><td>$T_{Jm}-65$</td><td>$T_{Jm}-40$</td><td>$T_{Jm}-20$</td></tr>
<tr><td>场效应晶体管</td><td colspan="2">最高结温 T_{Jm}/℃</td><td>$T_{Jm}-65$</td><td>$T_{Jm}-40$</td><td>$T_{Jm}-20$</td></tr>
<tr><td>微波晶体管</td><td colspan="2">最高结温 T_{Jm}/℃</td><td>$T_{Jm}-65$</td><td>$T_{Jm}-40$</td><td>$T_{Jm}-20$</td></tr>
<tr><td>单结晶体管</td><td colspan="2">最高结温 T_{Jm}/℃</td><td>$T_{Jm}-65$</td><td>$T_{Jm}-40$</td><td>$T_{Jm}-20$</td></tr>
<tr><td rowspan="3">二极管（小信号/开关、整流）</td><td rowspan="3">最高结温 T_{Jm}/℃</td><td>200</td><td>115</td><td>140</td><td>160</td></tr>
<tr><td>175</td><td>100</td><td>125</td><td>145</td></tr>
<tr><td>≤150</td><td>$T_{Jm}-60$</td><td>$T_{Jm}-40$</td><td>$T_{Jm}-20$</td></tr>
<tr><td>电压调整二极管</td><td colspan="2">最高结温 T_{Jm}/℃</td><td>90</td><td>110</td><td>130</td></tr>
<tr><td>基准二极管</td><td colspan="2">最高结温 T_{Jm}/℃</td><td>90</td><td>110</td><td>130</td></tr>
<tr><td>微波二极管</td><td colspan="2">最高结温 T_{Jm}/℃</td><td>$T_{Jm}-60$</td><td>$T_{Jm}-40$</td><td>$T_{Jm}-20$</td></tr>
<tr><td rowspan="3">晶闸管</td><td rowspan="3">最高结温 T_{Jm}/℃</td><td>200</td><td>115</td><td>140</td><td>160</td></tr>
<tr><td>175</td><td>100</td><td>125</td><td>145</td></tr>
<tr><td>≤150</td><td>$T_{Jm}-60$</td><td>$T_{Jm}-40$</td><td>$T_{Jm}-20$</td></tr>
<tr><td rowspan="3">光电器件</td><td rowspan="3">最高结温 T_{Jm}/℃</td><td>200</td><td>115</td><td>140</td><td>160</td></tr>
<tr><td>175</td><td>100</td><td>125</td><td>145</td></tr>
<tr><td>≤150</td><td>$T_{Jm}-65$</td><td>$T_{Jm}-40$</td><td>$T_{Jm}-20$</td></tr>
</table>

对于消费电子产品等人体接触的产品表面，其表面温度也有严格的限制。如图 2-3 所示，标准 IEC 60950 中定义了人体可接触电子产品的表面温度限值。为了提供更好的用户体验，电子产品的表面温度也会被进一步的限制。

Parts In OPERATOR ACCESS AREAS	Maximum temperature(T_{max}) °C		
	Metal	Glass, porcelain and vitreous material	Plastic and rubber[b]
Handles, konbs,grips, etc., held or touched for short periods only	60	70	85
Handles, konbs, grips, etc., continuously held in normal use	55	65	75
External surfaces of equipment that may be touched[a]	70	80	95
Parts inside the equipment that may be touched[c]	70	80	95

[a] Temperatures up to 100°C are permitted on the following parts:
- areas on the external surface of equipment that have no dimension exceeding 50mm, and that are not likely to be touched in normal use; and
- a part of equipment requiring heat for the intended function(for example, a document laminator), provided that this condition is obvious to the USER. A warning shall be marked on the equipment in a prominent position adjacent to the hot part.
  The warning shall be either
  - the symbol(IEC 60417-5041(DB:2002-10)): 
  - or the following or similar wording

WARNING
HOT SURFACE
DO NOT TOUCH

[b] For each material, account shall be taken of the data for that material to determine the appropriate maximum temperature.

[c] Temperatures exceeding the limits are permitted provided that the following conditions are met:
- unintentional contact with such a part is unlikely; and
- the part has a marking indicating that this part is hot. It is permitted to use the following symbol (IEC 60417-5041(DB:2002-10))to provide this information.

For equipment intended for installation in a RESTRICTED ACCESS LOCATION, the temperature limits in Table 4C apply, except that for external metal parts that are evidently designed as heat sinks or that have a visible warning, a temperature of 90°C is permitted.

图 2-3　IEC 60950 中可接触电子产品的表面温度限值

3. 热功耗

元器件的热功耗是指元器件的发热量，单位为瓦特（W）。严格来说，元器件的输入电功率与热功耗并不相同。对于 LED 而言，输入电功率有 30% 转化为光能量，有 70% 转换为热量（热功耗）。对于集成电路（IC）而言，输入电功率转换为电信号和热量输出。由于电信号的能量输出非常微弱，可以近似将 IC 的电功率作为热功耗。此外，对于电力电子行业的金属氧化物半导体场效应晶体管（MOSFET）和绝缘栅双极型晶体管（IGBT）等而言，其热功耗随时间变化。由于热功耗受到开关频率、工作电流等因素影响，很难使用公式简单得出，一般需要相关的热功耗计算软件得出。有些元器件的热功耗会随温度的变化而变化。对于 FPGA 封装芯片而言，其热功耗由静态功耗和动态功耗两部分组成，动态功耗取决于电源电压和温度。由于元器件热功耗的复杂性、瞬时性和波动性，使元器件热功耗的准确计算非常具有挑战。

4. 技术及方法的选择

在元器件热功耗、温升要求和最恶劣环境确定之后，就可以进行热设计技术和方法的选择。目前主流的热设计技术和方法有风冷和液冷两大类。其中风冷又可分为自然对流冷却和强迫对流冷却。液冷可分为浸没式直接冷却和液冷板间接冷却。由于液体的密度和比热容远高于空气，相同体积下液体携带的热量是空气的几千倍。仅从散热性能角度出发，液冷要强于风冷，强迫对流冷却比自然对流冷却要好。

（1）风冷

1）风冷自然对流冷却指产品内外部由于流体因温度差而引起的流动，从而对产品进行的冷却。如图 2-4 所示，消费电子中的智能手机多采用自然对流冷却。

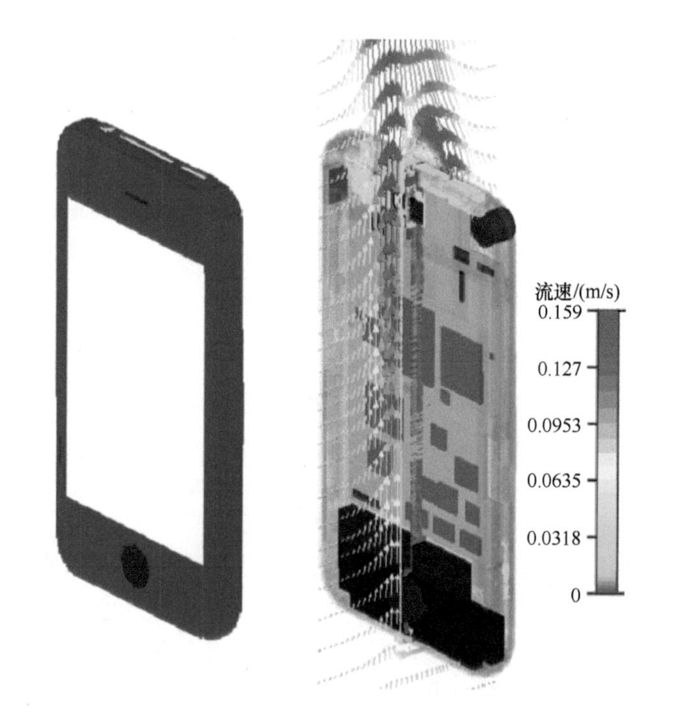

图 2-4　自然对流冷却的智能手机

2）风冷强迫对流冷却指通过风扇等部件使流体流动，从而对产品进行的冷却。如图 2-5 所示，通信产品中的服务器多采用强迫对流冷却。强迫对流冷却的效能要远高于自然对流冷却，但引入风扇之后，产品的噪声可能会有大幅上升。另外，风扇的使用寿命、振动等问题也会让产品的热设计变得更为复杂。

图2-5　强迫对流冷却的服务器

（2）液冷

1）浸没式直接冷却是将电子产品直接浸泡在冷却液中，让液体去吸收热量之后，再由液体将热量带至其他区域散走，如图2-6所示为服务器采用浸没式直接冷却。浸没式液冷的冷却液是核心。冷却液必须具有绝缘性能，否则会引起电气短路。同时也不能具有腐蚀性，必须与电子产品中涉及的所有材料进行相容性评估。目前较多采用氟化液、合成油、矿物油以及其他非导电类液体作为浸没式液冷的冷却液。冷却液有单相和双相两种。采用单相冷却液的冷却系统需要配备水泵，以便冷却液在系统中循环流动。如果是双相的氟化液，即氟化液吸收电子产品热量之后，发生相变（汽化），冷却液不需要水泵就可以在系统中循环流动。

图2-6　服务器浸没式直接冷却

2）液冷板间接冷却是指电子产品或产品中的元器件与液冷板直接接触，并将热量传递给液冷板，冷却液通过液冷板之后将热量带至其他区域散走。由于电子产品或产品中的元器件不直接与冷却液接触，其产品的维护和复杂性要比浸没式直接冷却简单很多。如图 2-7 所示为电力电子行业的 IGBT 采用液冷板间接冷却。

图 2-7 IGBT 液冷板间接冷却

(3) 噪声

电子产品的热设计技术和方法的选择不仅受散热性能的影响，还需要考虑产品的噪声、防护等级、体积、重量、其他专业限制和成本等因素。

噪声在很大程度上限制了热设计技术和方案的选择，标准 ETS 300 753 (Acoustic Noise Emitted by Telecommunications Equipment) 对通信产品的噪声有明确的规定，见表 2-2。由于噪声的限制，产品在选用强迫风冷（带风扇）方法时，有可能会受到极大的限制。

表 2-2 应用在温度受控场所的固定设备声功率级噪声上限

设备所处环境	环境等级		
	3.1	3.2	3.3
通信设备机房（无人值守）	75dB (A)	75dB (A)	75dB (A)
通信设备机房（有人值守）	72dB (A)	72dB (A)	72dB (A)
商业区（离办公桌距离大于 4m）	68dB (A)	nr	nr
商业区（离办公桌距离小于 4m）	63dB (A)	nr	nr
办公室（地面放置设备）	55dB (A)	nr	nr
办公室（桌面放置设备）	50dB (A)	nr	nr
电源房	83dB (A)	83dB (A)	83dB (A)

(4) 防护等级

防护等级也是影响热设计技术和方案选择的一个重要因素。产品需要进行防护的主要目标有以下三个方面：产品内部危险部件对人员的安全防护、外部固体目标进入产品之后对内部件的防护和水进入产品造成的有害防护。例如，通信的室外基站暴露于自然环境中，需要避免雨水、灰尘进入产品内，从而引起电气短路等问题。此时，就需要对产品进行一定的防护。例如标准 IEC60529［机壳提供的防护等级（IP 代码）］中以两个英文字母 IP 加两位数字的方式定义了防护等级。其中第一位数字用于标识对外部固体目标的防护等级，第二位数字用于标识对水的防护等级。例如，室外通信基站防护等级需要达到 IP54，就代表该产品具有非常高的防护能力，需要做成密闭型壳体。此时，内部元器件无法直接采用外部的空气来冷却内部高温元器件。

（5）小型化

电子产品的小型化是发展趋势。对于自然对流冷却的产品而言，体积的缩小往往代表着产品外表面散热面积的减少。对于强迫对流冷却的产品而言，其内部可供布置风扇的空间也会减少。电子产品的热设计挑战愈发严峻，其中产品体积影响非常大。

如图 2-8 所示，对于一些手持式的产品而言，产品的重量要求也极大地限制了热设计技术和方案的选择。由于用户使用产品时单手持握，整个产品的重量受到严格限制。金属的热导率较高，从热设计的角度来看是较好的壳体材料。但由于其密度较大，可能就无法应用在手持式产品上。

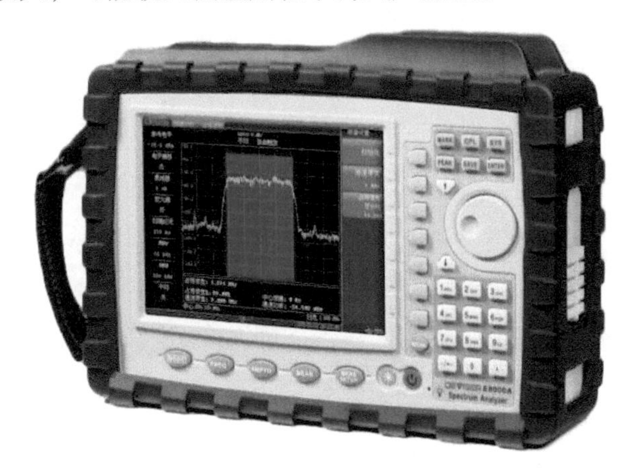

图 2-8　手持式探伤设备

（6）整体设计考虑

在电子产品的开发设计过程中，热设计、结构设计和电子设计等专业协同合作。某些电子元器件的紧密布置，有利于电信号的传输，但过高的功率密度会对热设计带来挑战。另外，出于结构强度的考量，也可能会限制散热器的尺寸和重量。

产品热设计技术和方案的确定是一个充满智慧的过程。相对而言，电子产品中还是普遍采用风冷冷却技术。自然对流冷却的对流换热系数一般在 $10\mathrm{W/(m^2 \cdot K)}$ 以下。由此可以作为采用风冷冷却时，选择自然对流还是强迫冷却的重要依据（不考虑热辐射的影响）。根据自然对流冷却公式，可以确定自然对流冷却时元器件或产品表面温升与热功耗密度的关系：

$$Q = hA(t_w - t_f) \tag{2-1}$$

$$h = \frac{Q/A}{(t_w - t_f)} = 10\mathrm{W/(m^2 \cdot K)} \tag{2-2}$$

例如，智能手机热功耗为1.2W，表面积 $0.01\mathrm{m^2}$，需要在25℃环境温度下，保证手机表面温度不超过40℃，经过计算所需手机表面对流换热系数为 $8\mathrm{W/(m^2 \cdot K)}$。由此可以判断，此智能手机采用自然对流冷却具有可行性。

（7）验证

热设计的验证是指电子产品在最恶劣环境和热设计功耗下，电子产品的内部元器件和外部表面的温度符合设计要求。最恶劣环境可以通过恒温恒湿箱、自然对流温箱、高海拔试验箱和太阳辐射试验箱等来实现。电子产品外表面温度测试可以先通过红外热像仪确定热点位置，之后通过热电偶进行精确测量。由于热设计的工作是控制元器件的内部结点温度。但实际电子产品中仅能测得元器件壳体表面的温度。此时，就需要确定结温和壳温之间的关系。通常情况下元器件的热功耗由上表面和下表面散走，通过热阻可以由外壳温度推算结点温度。如果元器件的热量都通过上表面散走，可以使用以下公式计算：

$$R_{JC} = \frac{T_J - T_C}{P} \tag{2-3}$$

如果元器件的热量都通过下表面散走，可以使用以下公式计算：

$$R_{JB} = \frac{T_J - T_B}{P} \tag{2-4}$$

如果元器件的热量通过上下表面同时散走，则使用以下公式进行计算：

$$\Psi_{JC} = \frac{T_J - T_C}{P_C} \tag{2-5}$$

$$\Psi_{JB} = \frac{T_J - T_B}{P_B} \tag{2-6}$$

$$P = P_B + P_C \tag{2-7}$$

2.3　交换机的热设计实例

1. 交换机的定位和目标市场

TM4800 是一款集接入和传送功能于一身的以太网交换机，可以满足企业网对于多业务可靠接入、汇聚和高质量传输的要求。其主要销售市场为北美和欧洲等地。TM4800 的使用环境为数据中心机房，置于标准 19in[㊀] 宽的机架中，如图 2-9 所示。

图 2-9　TM4800 使用环境

TM4800 的硬件主要由机箱、电源模块、风扇模块、交换主控板、CPU 板、光模块等组成。

2. 交换机的热设计规格

由于 TM4800 需要置于标准 19in 标准机柜中，所以其结构尺寸（宽 × 深 × 高）为 442mm × 420mm × 43.6mm，其中高度 43.6mm 也称之为 1U，如图 2-10 所示。

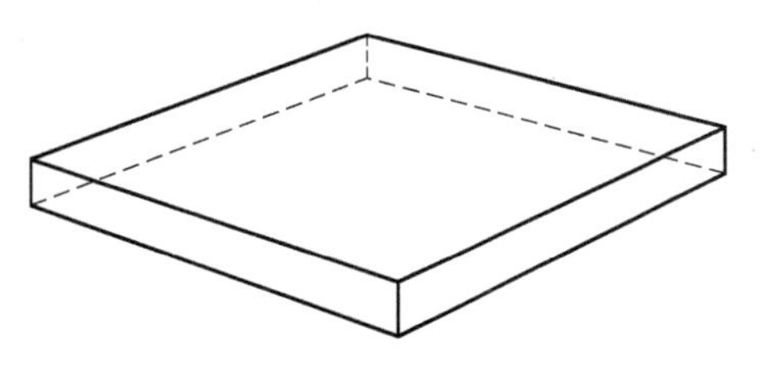

图 2-10　TM4800 外形

由于销售市场为北美和欧洲等地，所以需要满足 NEBS 的 GR-63-CORE 标准中对于应用环境的定义：环境条件 1：最高环境温度为 55℃，海拔高度为 0m；环境条件 2：最高环境温度为 45℃，海拔高度为 950m；环境条件 3：环境为 23℃，噪声值小于 55dB（A）。TM4800 需要同时满足环境条件 1、2 和 3。

㊀ 1in = 0.0254m，后同。

TM4800 中的关键器件有交换芯片、CPU 和光模块等。交换芯片采用的是 Broadcom 的高性能战斧 2 BCM56970，长、宽、高尺寸为 67.5mm × 67.5mm × 4.47mm，如图 2-11 所示。BCM56970 采用了 FCBGA 封装结构，R_{JC}和 R_{JB}热阻值分别为 0.06℃/W 和 0.24℃/W。其最大热功耗为 170W，最大结点允许温度为 110℃。

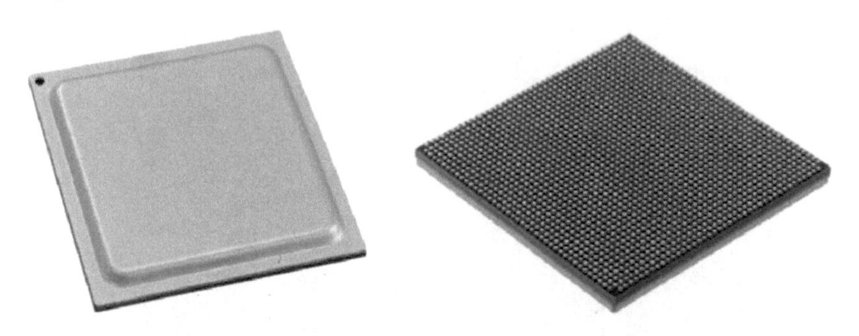

图 2-11 BCM56970 交换芯片顶面（左）和底面（右）

TM4800 采用了 32 个 QSFP 28 的 100G 光模块，品牌和型号是 Smartoptics 的 QSFP 28-LR4。其最大的热功耗为 4W，允许的壳体最大表面温度为 70℃，如图 2-12 中实物图红点所示位置，图 2-12 的下图显示了 QSFP 28 的结构尺寸，单位为 mm。

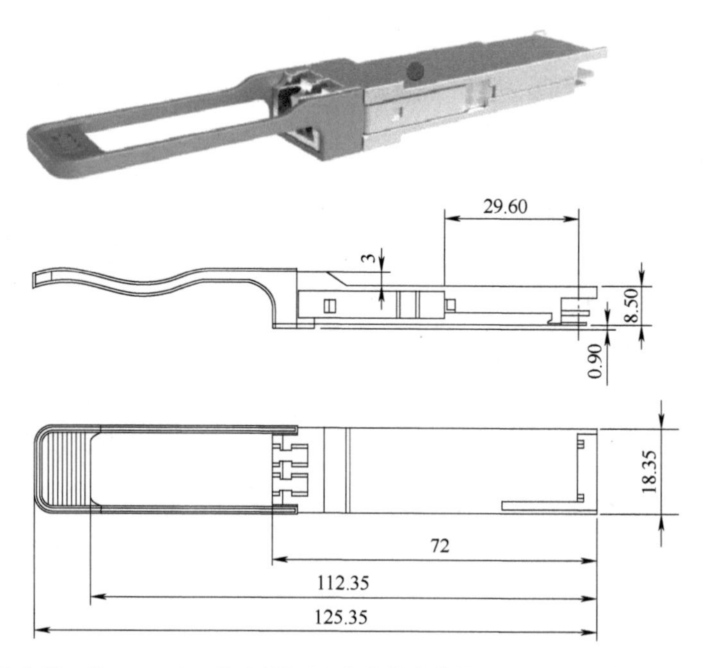

图 2-12 Smartoptics 的 QSFP 28 光模块实物图（上）和尺寸图（下）

TM4800 的 CPU 采用的是 Intel 的 Xeon D-1518，长、宽、高尺寸 37.5mm × 37.5mm × 3mm，如图 2-13 所示。Xeon D-1518 采用 FCBGA 封装结构，R_{JC} 热阻值为 0.06℃/W，最大热功耗为 35W，最大结点允许温度为 110℃。

图 2-13　Intel 的 Xeon D-1518

3. 交换机热设计方案

TM4800 的空间非常有限，前面板布置了上下两层 32 * QSFP 端口，交换主控板上是 BCM56970 交换芯片，CPU 板上是 Intel 的 Xeon D-1518 和 4 条内存。TM4800 配备了 2 个 600W 的 PSU 电源，PSU 电源依靠内部的 4028 轴流风扇进行冷却，整个产品依靠后部的 5 颗 4028 轴流风扇进行冷却。其初步布局如图 2-14 所示。

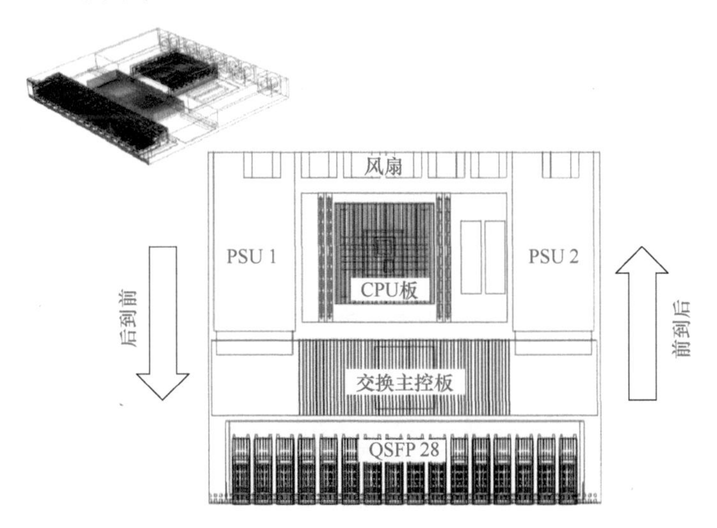

图 2-14　TM4800 初步布局

TM4800 需要支持两种不同风向下正常工作。其中后到前风向时，风扇为吹风模式，位于前面板的 QSFP 光模块散热挑战较大。在前到后风向时，相对而言 CPU 的散热挑战较大。

通常情况下，通信产品的进出口空气温升在 10℃左右，假设 TM4800 的进出口空气温升为 10℃，根据式（2-8）计算 TM4800 所需的质量流量为 0.033kg/s，约 0.0308m^3/s。产品冷却的 5 颗风扇应提供所需的空气流量，以此选择风扇的型号。

$$Q = mc_p\Delta T \tag{2-8}$$

式中，Q 为 TM4800 的热功耗（W），此处为 500W；m 为 TM4800 所需的质量风量（kg/s）；c_p 为空气的比定压热容，约为 1005J/(kg·K)。ΔT 为 TM4800 进出口温差（K），此处为 15℃（即 288K）。

4. 交换机热设计方案仿真评估

由于 TM4800 需要满足在多种不同环境条件下正常工作，所以热仿真分析也需要进行多个方案，见表 2-3。方案 5 的环境条件为气流由 TM4800 的后部向前流动，风扇在 100% 满转情况下，环境温度为 45℃，且海拔为 950m。虽然，方案 6 的环境温度只有 23℃，但 TM4800 的 5 颗冷却风扇只有 30% 的转速，所以热设计的挑战有可能会比方案 4 更高。

表 2-3 TM4800 热仿真分析方案

元件名称	热功耗/W	规格/℃	方案 1	方案 2	方案 3	方案 4	方案 5	方案 6
			气流 前到后	气流 前到后	气流 前到后	气流 后到前	气流 后到前	气流 后到前
			产品风扇 100% 转速	产品风扇 100% 转速	产品风扇 30% 转速	产品风扇 100% 转速	产品风扇 100% 转速	产品风扇 30% 转速
			55℃，海拔 0m	45℃，海拔 950m	23℃，海拔 0m	55℃，海拔 0m	45℃，海拔 950m	23℃，海拔 0m
BCM56970	170	$T_J=110$						
Xeon D-1518	35	$T_C=88$						
QSFP 28（最高温度）	4	$T_C=70$						
DIMM	14	$T_C=85$						
TM4800 流量/(m^3/s)								
PSU 1 流量/(m^3/s)								
PSU 2 流量/(m^3/s)								

对表 2-3 中的方案 5 进行热仿真分析，图 2-15 为 TM4800 的方案 5 热仿真模型。图 2-15 左侧为 TM4800 的外形结构，由于 QSFP28 几乎占据了 TM4800 前面板，所以在 TM4800 顶板的前部开了两排出风口，以提高 TM4800 内部的空气流量。

图 2-16 所示为 TM4800 方案 5 的热仿真结果切面温度云图，CPU、BCM56970 和 QSFP 28 在红色虚框处呈现空气温度级联，引起了明显的热风险。45℃的环境空气进入 TM4800 之后首先冷却 CPU，CPU 散热器出口处的空气温度

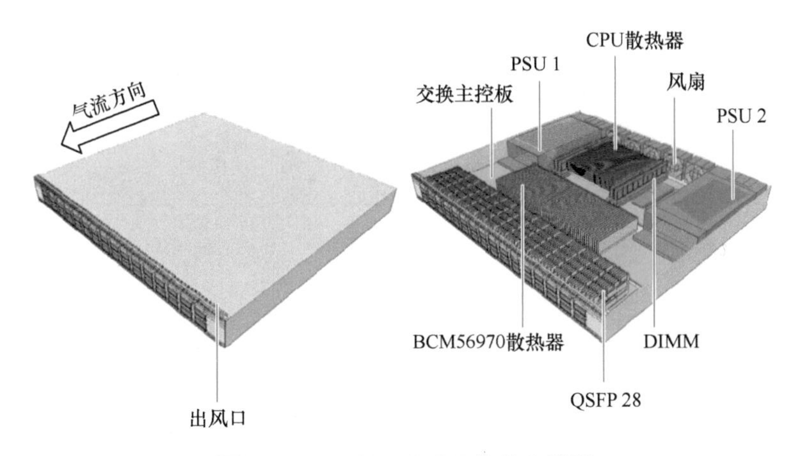

图 2-15 TM4800 方案 5 热仿真模型

已经上升为 55℃。55℃的空气再进行冷却热功耗为 170W 的 BCM56970，使得 BCM56970 的结点温度 T_J 高达 135℃，远远超过了设计规格 110℃。位于 BCM56970 同一气流方向的 QSFP28 同样面临着很大的热风险。

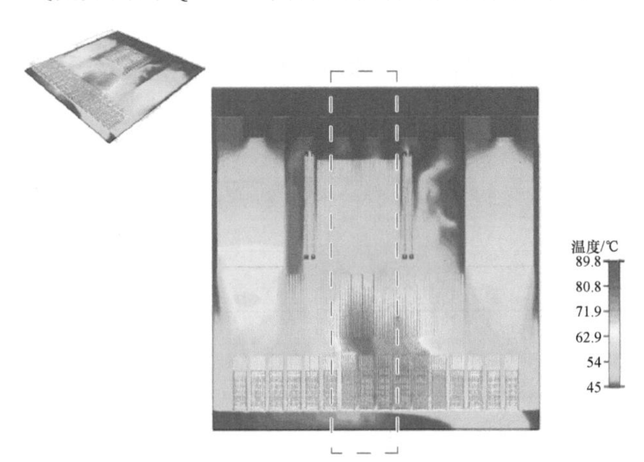

图 2-16 TM4800 方案 5 热仿真结果切面温度云图

基于方案 5 中出现的散热问题，对方案 5 进行优化调整。其中为了避免 CPU 芯片对于交换主控板上 BCM56970 的影响，将 CPU 的位置左移，避免这两颗芯片在气流方向重合。此外，BCM56970 的热仿真结点温度 T_J 比设计目标高很多，增加散热器的宽度和高度。散热器宽度的增加，可以有效增加散热面积，散热器高度方向增加有助于避免气流旁通散热器，提高齿片的散热效率。此外，散热器与 BCM56970 的尺寸差异较大，所以散热器基板采用均温板（VC），以提高散热器的齿片散热效率，如图 2-17 所示。

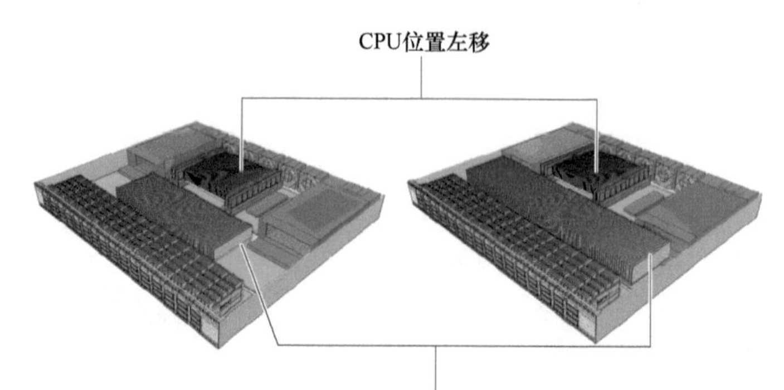

图 2-17　原方案 5（左）和优化方案 5（右）

表 2-4 所示为方案 5 在优化前后的重要元器件温度数据和系统流量的变化。其中 BCM56970 的温度下降比较明显，主要是冷却空气的温度有所下降，散热器的性能有大幅提高。CPU 仅仅是对位置进行了一定调整，所以温度下降并不明显。QSFP28 的温度在优化前后有 9℃ 左右的差异，主要是 BCM56970 的温度大幅下降，使得位于其气流方向后部的 QSFP28 的来流空气温度下降，从而使得 QSFP28 的温度也明显下降。优化方案前后的 TM4800 流量没有明显变化。

表 2-4　方案 5 优化前后的热仿真结果

元件名称	热功耗/W	规格/℃	原方案 5	优化方案 5
			气流后到前	气流后到前
			产品风扇 100% 转速	产品风扇 100% 转速
			45℃，海拔 950m	45℃，海拔 950m
BCM56970	170	$T_J=110$	135	108
Xeon D-1518	35	$T_C=88$	56.7	54.6
QSFP28（最高温度）	4	$T_C=70$	75.3	66.8
DIMM	14	$T_C=85$	63.4	62.6
TM4800 流量/(m^3/s)			0.0309	0.0338
PSU 1 流量/(m^3/s)			0.00242	0.00223
PSU 2 流量/(m^3/s)			0.00244	0.00233

5. 交换机热设计方案热测试

TM4800 被置于恒温恒湿箱中进行热测试，以评估其在 45℃ 和海拔 950m 环境是符合热设计规格，如图 2-18 所示。由于恒温恒湿箱只能营造 45℃ 的环境温度，在得到测试结果之后，再转换为 45℃ 和 950m 的温度数据。采用热电偶测量 QSFP28 和 DIMM 的表面温度。BCM56970 和 CPU 直接采用内置的温度传感器来

读取结点温度 T_J。TM4800 的实际测试结果与热仿真结果稍有差异，但温度测试结果符合 TM4800 的热设计规格要求。

图 2-18　TM4800 的热测试

6. 小结

产品所采用的热设计技术和方案主要取决于产品的市场定位和功能。对于 TM4800 而言，其市场主要面向北美和欧洲的企业级用户，所以需要满足当地的产品标准，例如北美市场需要满足 GR-63-CORE（NEBS Requirements：Physical Protection Environments Criteria），欧洲市场需要满足 IEC 和 ETSI 的相关标准。同时产品又以高性能为卖点，在产品散热成本方面的限制相对较小。对于任何产品的热设计而言，最为重要的是了解产品的定位、功能和应用场景等信息，并且将以上信息转化为热设计的规格要求。例如，在 45℃ 环境温度和 950m 海拔下，BCM56970 的热功耗为 170W 和最大允许结点温度为 110℃。在热设计规格确定之后，热设计方案的确定决定了整个产品之后的研发顺利与否。通过了解行业内类似产品的热设计架构，以及参考分析公司内部过往的产品设计，有助于确定一个合理且有效的热设计方案。通过热仿真技术可以快速评估 TM4800 不同方案是否满足设计规格，以及热设计方案中是否存在风险，为方案的优化设计提供基础和方向。热测试主要是验证 TM4800 的热设计方案的有效性，并作为热设计成功与否的重要评判依据。实际产品的热设计工作属于研发设计的一个组成部分，而产品的设计指标（包括使用环境温度、芯片规格、工作性能、噪声）、成本和产品化又是相互制约和影响，真正的产品热设计工作受限和需要考虑的因素非常多，这也是产品热设计所面临巨大挑战的根本原因。

第3章 散热元件

电子产品的热设计技术方案确定之后，需要对涉及的散热元件进行选择和细化。对于采用强迫对流冷却技术的电子产品而言，风扇的选择是一个重要工作内容。无论是自然对流冷却还是强迫冷却的电子产品，都会涉及散热器的设计和选用。随着电子产品的功率密度和热设计要求的不断提高，热管、均温板、导热界面材料和冷板等散热元件也越来越多地应用在电子产品的热设计技术方案中。本章将对电子产品中常见散热元件的选用进行全面介绍。

3.1 风　　扇

3.1.1 演唱会上的伍佰

伍佰："有没有听到台上有很多风声啊！因为我的旁边都是电风扇！"

歌迷："哇……"

伍佰："至少有一、二、三、四、五，这边有五只，那边有八只吧！总共有二十几只哦！不好意思，没办法分给你们吹！"

歌迷："哈哈，哈哈……伍佰，伍佰……"

伍佰："再来个慢歌啊！"

伍佰："你，用你独特的温柔，狠狠地刺痛了我，证明你已不爱我。你的干脆，你那有心的依偎，普通朋友的相对，以为我都没感觉。答应我，如果要离开我，请一定跟我说，我会祝福，让你走……"

我国台湾著名摇滚歌手伍佰举办演唱会时，都会要求组织方在舞台下方放一些风扇。伍佰演唱会期间经常是满头大汗，台下那么多台风扇不仅可以起到降温效果，而且可以使他一头长发在风中肆意地飘荡。他那粗犷豪放的演唱方式，配合满场歌迷的合唱，会将整场演唱会的气氛推向极度的高潮。而在电子产品的热设计中，风扇等散热元件必不可少。在某些应用场合，其对产品能否正常工作起着至关重要的作用。

3.1.2 风扇的重要特性

当电子产品通过自然对流冷却无法满足产品的温度要求时，可以采用风扇进行强迫冷却。电子产品所用的风扇主要由转子、定子和外框等组成。根据风扇的出风方向，风扇主要可以分为轴流风扇和离心风扇，如图 3-1 所示。轴流风

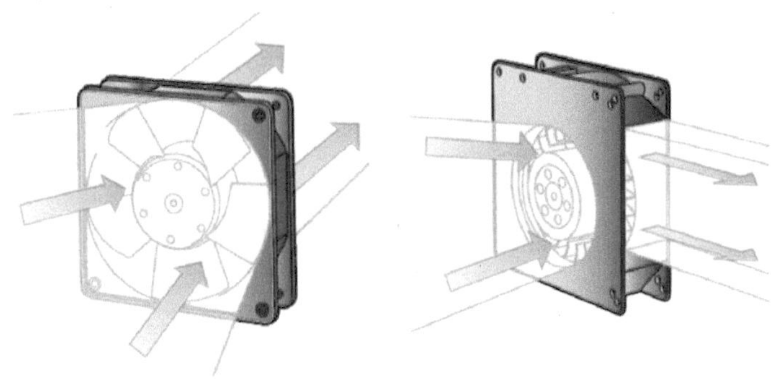

图 3-1　轴流风扇（左）和离心风扇（右）

扇的气流进出方向相同；离心风扇的气流进出方向呈90°角。另外，根据输入电压的不同，可以分为直流风扇和交流风扇。

如图3-2所示为一款额定电压为24V的风扇特性曲线，其纵轴坐标为风扇进出口的压力差（Pa），横轴坐标为通过风扇的流量（m^3/min）。风扇工作点可以位于特性曲线上的不同位置。正常情况下，风扇进出口的压力差越大，风扇所产生的空气流量越小。

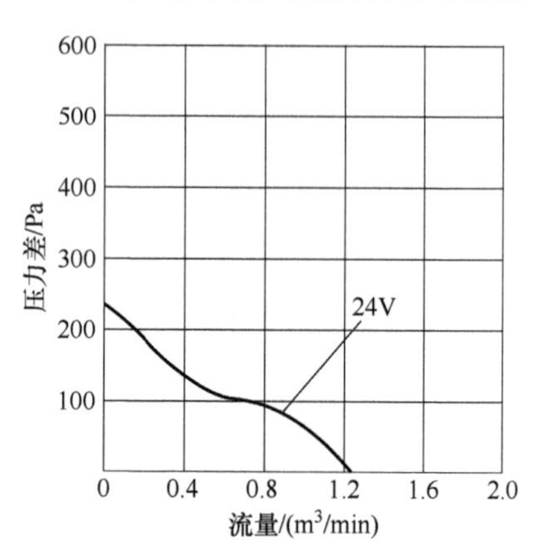

图3-2 风扇特性曲线

对于实际风扇的应用而言，我们希望风扇既能有效克服空气流动的阻力，也能产生尽可能多的空气流量。这也就是要求风扇的压力差和流量的乘积尽可能大。如式（3-1）所示，风扇的进出口压力差和流量乘积的单位为瓦特（W）。风扇的效率 η_t 可以用式（3-2）表示，其中 P 是风扇输入的额定功率，ΔP 和 V 分别为风扇工作时的进出口压力差和产生的流量。如图3-3所示为某款轴流风扇的特性曲线。该款轴流风扇的工作点位于特性曲线的右侧1/3范围内时，其效率维持在0.75的较高范围内。通常轴流风扇的工作点也建议位于风扇特性曲线右侧的1/3处。风扇的转速会随工作点的变化而变化，但整体变化幅度在10%之内。如图3-4所示为某款离心风扇的特性曲线。通常离心风扇的工作点建议在风扇特性曲线左侧1/3处。

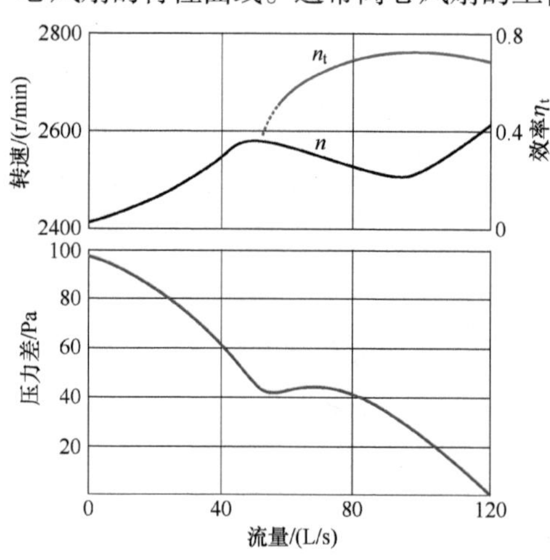

图3-3 轴流风扇特性曲线与效率对比

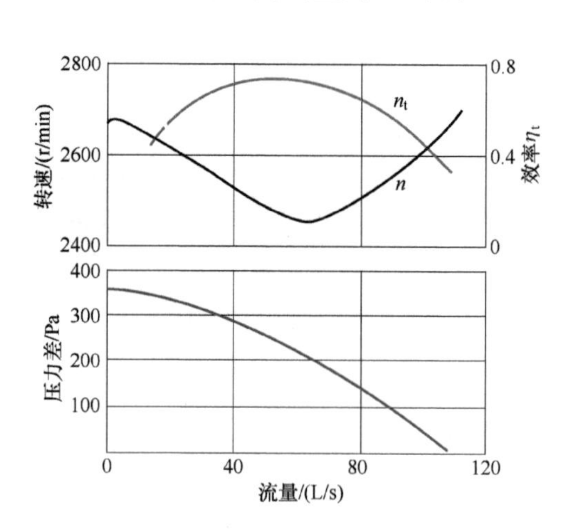

图3-4 离心风扇特性曲线与效率对比

$$[V\Delta P] = (m^3/s) \times Pa = (m^3/s) \times (N/m^2) = N \times \frac{m}{s} = \frac{J}{s} = W \quad (3\text{-}1)$$

$$\eta_t = \frac{[V\Delta P]}{P} \tag{3-2}$$

如图3-5所示为轴流风扇和离心风扇的特性曲线和噪声曲线（L_p）。轴流风扇的工作点位于特性曲线右侧的1/3处时，其噪声相对较低。离心风扇的工作点位于特性曲线左侧的1/3处时，其噪声相对较低。通常风扇效率高的区域，风扇的噪声会偏低。如图3-6所示为风扇噪声测试环境，不仅仅需要在无音室中进行风扇噪声的测量，而且由于风扇的噪声随工作点发生变化，所以还需要将风扇置于静压箱上。

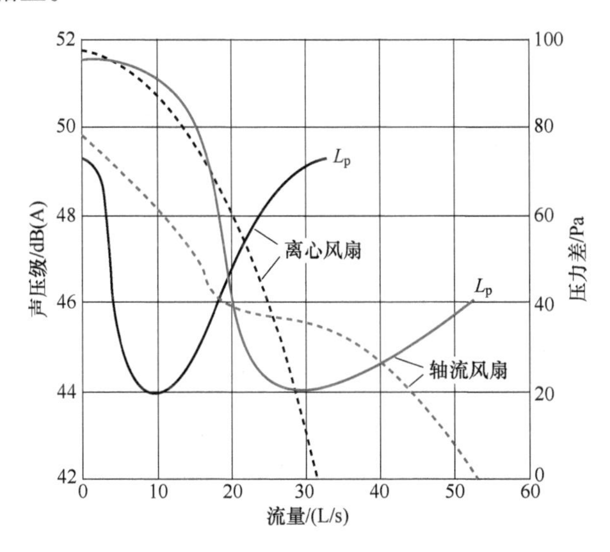

图3-5　轴流风扇和离心风扇的特性曲线与噪声对比

图3-6　风扇噪声测试环境

不同风扇厂商对于风扇寿命的定义有所不同。SANYO DENKI（三洋）风扇的寿命定义与运行转速有关。当风扇在额定电压下运行于自由状态，转速低于额定值70%时，认为该风扇失效。L10预期寿命（L10 Expected Life）是指一批同时工作的风扇中，有10%的风扇出现失效状况的时间。由于风扇的寿命主要取决于轴承的寿命，而轴承的寿命又主要由润滑油的寿命决定。润滑油的挥发受温度影响非常大，风扇厂商在提供风扇寿命的同时也会告知对应的温度。

如图 3-7 所示为风扇 L10 预期寿命与温度的关系，预期寿命 60000h（L10，60℃）是指在 60℃ 的环境温度下，一批风扇在自由状态下工作 60000h，其中有 10% 的风扇转速会下降到额定转速 70% 以下。此外，图 3-7 显示了风扇周围的环境温度上升 15℃，风扇的 L10 预期寿命会减半。

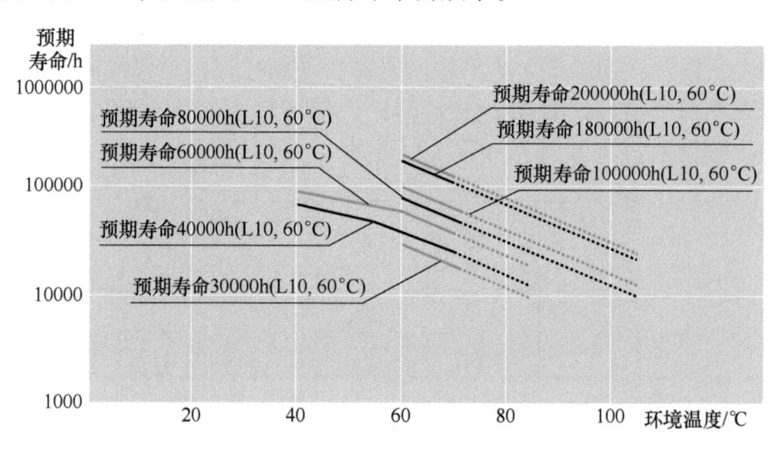

图 3-7　风扇 L10 预期寿命与温度的关系

无论是轴流风扇还是离心风扇，由于风扇叶片的旋转工作和叶片的结构形式，所以风扇出口的空气具有旋转特性。如图 3-8 所示，轴流风扇的出风具有一定的旋转特性。其出风的流速可以分为切向速度和轴向速度。如图 3-9 所示为 ebmpapst 型号为 4212NH 风扇出风、切向速度和轴向速度随工作点的变化情况。在流量非常小时，切向速度与轴向速度的比值接近于 3∶1；当轴流风扇处于正常的工作点区域时，两者的比值在 1∶1 左右；在风扇达到最大流量时，两者的比值接近 1∶3。换而言之，切向速度与轴向速度的比值随着风扇流量的增大而减小。

图 3-8　风扇出口处的旋转空气

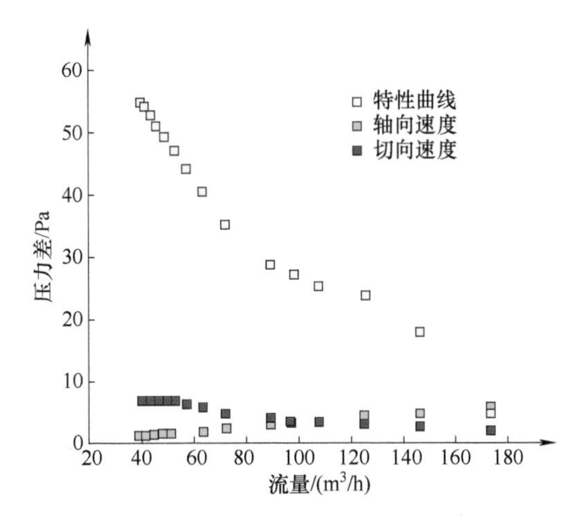

图 3-9　风扇出口处切向速度和轴向速度

如图 3-10 所示为热仿真软件中设置风扇不同叶片旋转方向，风扇旋转出风在系统产品中形成的空气流动轨迹线。

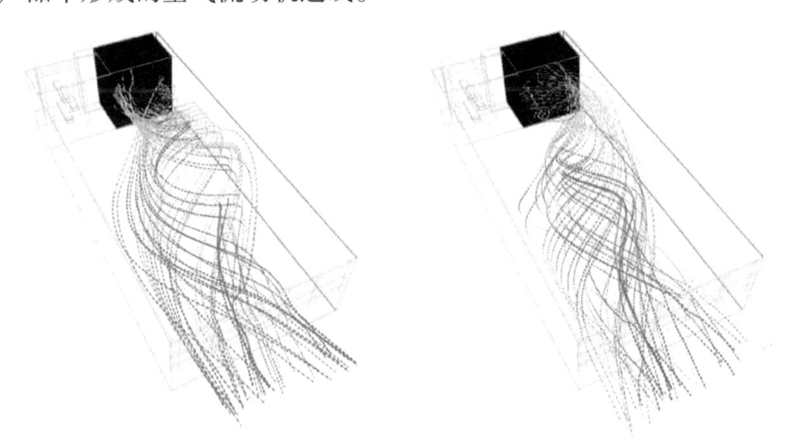

图 3-10　不同风扇叶片转向的空气流动迹线

通常情况下风扇的外壳标识了风扇出风方向和叶片旋转方向，如图 3-11 所示。当有物体靠近轴流风扇出风口时，不同的叶片旋转方向会造成不同的速度场。

轴流风扇的出风区域仅限于叶片范围。对于尺寸为 40mm × 40mm × 28mm 的轴流风扇而言，其实际出风面积不足风扇出风方向截面积的 1/2。如图 3-12 所示，风扇出风区域位于叶片所在的绿色线圈附近，风扇的旋转轴（HUB）和边缘框架附近的空气流动较弱。当有元器件靠近风扇的这个区域时，可能无法得到很好的冷却。

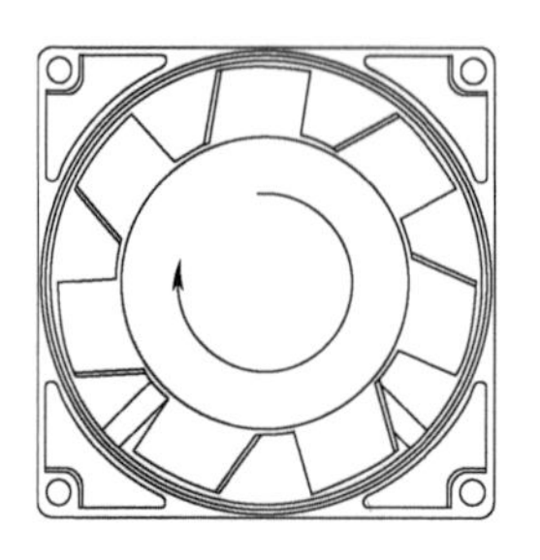

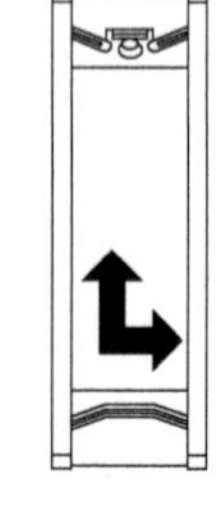

图 3-11　风扇出风方向和叶片旋转方向

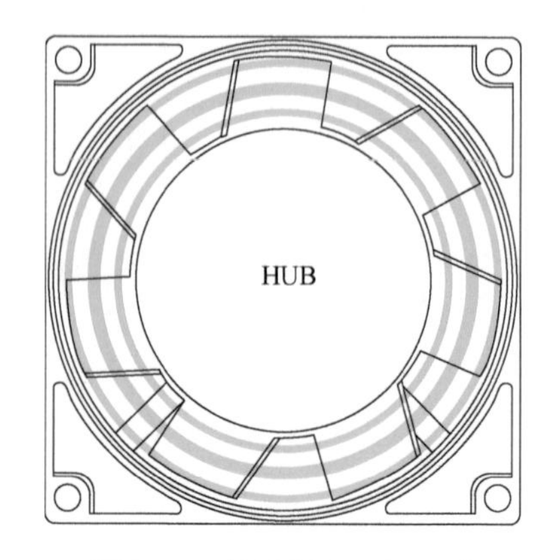

图 3-12　轴流风扇出风区域

3.1.3　风扇的选型

风扇的选型主要分为系统风量确定和风扇型号确定。

对于需要强迫风冷的电子产品而言，首先需要确定产品冷却需要的风量。一般情况下，电子产品的进出口温升应小于 15℃（288K）。

$$Q = mc_p\Delta T \tag{3-3}$$

式中，Q 为电子产品的发热量（W）；m 为电子产品所需的质量风量（kg/s）；c_p 为空气的比定压热容，约为 1005J/(kg・K)；ΔT 为电子产品进出口温差（K）。

通过式（3-3）得到电子产品的质量风量之后，通过下式可得到电子产品的体积风量。

$$m = \rho v \tag{3-4}$$

式中，ρ 为空气的密度（kg/m^3），20℃时约为 1.205kg/m^3。

对于轴流风扇而言，最佳的风扇工作点位于风扇特性曲线的右侧 1/3 处。所以，风扇的最大流量约为系统所需流量的 1.5 倍左右。根据风扇规格书中的最大风量值，可以确定满足要求的风扇型号。

如果有电子产品的系统阻抗特性曲线，则可以通过风扇规格书中的风扇特性曲线进行风扇的选择。如图 3-13 所示，风扇特性曲线与系统阻抗特性曲线的交点为风扇的工作点。风扇工作点对应的横轴应为

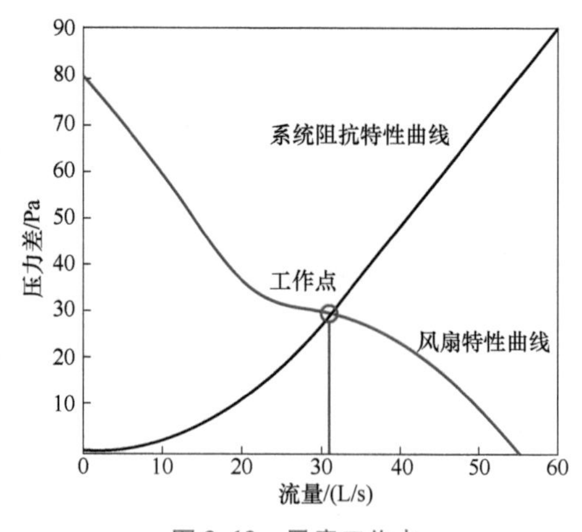

图 3-13　风扇工作点

系统所需的空气流量。

以上是风扇选型时需要考虑的风扇特性，除此之外还要考虑风扇的噪声、尺寸、寿命和成本等因素。

3.2 散　热　器

3.2.1 阿布扎比赛道上的阿隆索

时间：2010 年 11 月 14 日

地点：F1 大奖赛阿布扎比站亚斯码头赛道

人物：费尔南多·阿隆索、塞巴斯蒂安·维特尔、马克·韦伯、刘易斯·汉密尔顿以及其他 F1 车手

背景：2010 年 F1 年度收官战，阿隆索、维特尔、韦伯和汉密尔顿都有机会成为年度总冠军车手

发车起步：五盏红灯熄灭，24 辆赛车同时出发（见图 3-14），进入 1 号弯的时候，维特尔保住了领先的位置，汉密尔顿在第二位，另一位迈凯伦车队车手巴顿超过了阿隆索上升到第三位，法拉利车手下降了一位在第四，在他身后的是红牛车队的韦伯。第一圈还没有结束，意外就发生了，舒马赫与对手发生了碰撞，赛车在赛道上调头了，舒马赫希望把车救回来，但后面印度力量的里尤兹赛车直接撞上来了，幸好两人都没有受伤，但早早地退出了比赛，由于意外发生，大会出动了安全车。

图 3-14　发车起步

第 23 圈：阿隆索尝试超越前面的佩特洛夫（见图 3-15），但是未能成功，阿隆索甚至还被逼出了赛道，情况十分惊险，幸好后面的韦伯未能抓住机会超车。之后一圈，汉密尔顿及维特尔先后进站更换轮胎，出站之后，维特尔仍然

是抢在了汉密尔顿的前面，暂时排在第二位，仅落后于未进站的巴顿，而汉密尔顿在第五位，在他前面的是库比卡及小林可梦伟。

图 3-15　阿隆索追击佩特洛夫

第 48 圈，前十位车手为：维特尔、汉密尔顿、巴顿、罗斯伯格、库比卡、佩特洛夫、阿隆索、韦伯、阿古尔苏拉里、马萨。如果按这个排位结束比赛，维特尔将成为 F1 历史上最年轻的总冠军。车队的 Team Radio 中告诉阿隆索"use the best of your talent"。阿隆索十分努力，他明白自己如果要想得到年度总冠军就必须拼命超越其他车手。阿隆索为了超越一直挡在前面的佩特洛夫，紧紧地贴近着前车。F1 赛车排出的尾气最高可以达到 800℃。当两车近距离靠近时，后车容易吸入前车高温尾气，从而对于自身汽车发动机的工作提出了很大挑战。阿隆索的赛车非常挣扎，磨损的轮胎和越来越高的发动机工作温度，导致整车性能下降。法拉利车队已经束手无策了，他们只能祈祷出现奇迹。基于前述章节的对流换热经验公式，我们知道当周围空气温度升高之后，若要保持原有的发动机工作温度，必须要扩大发动机的散热表面积。此时，阿隆索不仅需要更多的比赛圈数，更需要一个散热器来扩大发动机的散热面积。

格子旗挥动，最后一圈：维特尔、汉密尔顿、巴顿、罗斯伯格、库比卡、佩特罗夫、阿隆索（见图 3-16）、韦伯等依次撞线。维特尔成为 F1 历史上最年轻的 F1 年度总冠军车手。

图 3-16　阿隆索以第七名撞线

3.2.2　电子产品常用散热器介绍

散热器是一个热量交换的部件，可以更高效地将发热元器件的热量散至周围环境或热沉中。如图 3-17 所示，对于一个安装在 PCB 表面的元器件而言，其内部热量主要通过热传导方式进入至 PCB 和元器件上表面，之后通过对流换热和热辐射进入至周围环境中。由于元器件上表面的面积远小于 PCB 表面积，所以通过元器件上表面散失的热量相对较少。在元器件上表面安装散热器之后，元器件上方的散热面积得到扩展，更多的热量通过热传导方式进入元器件上表面，之后再经由散热器进入周围环境。

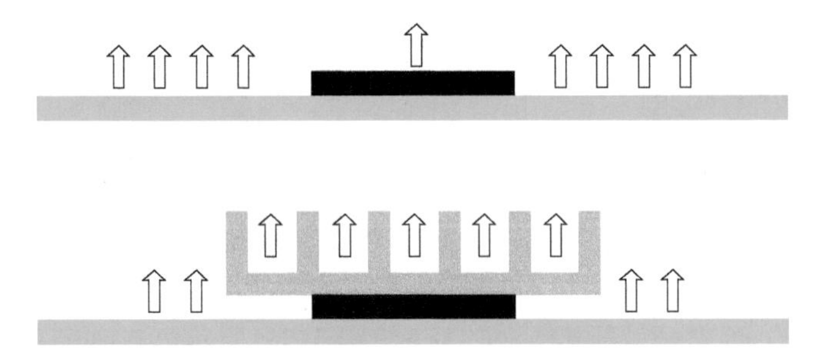

图 3-17　散热器工作示意图

散热器的材料、加工工艺和表面处理是散热器生产的三个重要因素，会影响到散热器的性能和价格。

1. 散热器的材料

铝是自然界储量最丰富金属元素，具有质量轻、抗腐蚀强、热导率高等特点，非常适合作为散热器的原材料。纯铝中添加一些其他金属形成铝合金，可以大幅提升材料的硬度。表 3-1 所示为常用的散热器铝合金组别和牌号。

表 3-1　常用的散热器铝合金组别和牌号

组　　别	牌号系列
纯铝（铝含量不小于 99.00%）	1×××
以铜为主要合金元素的铝合金	2×××
以锰为主要合金元素的铝合金	3×××
以硅为主要合金元素的铝合金	4×××
以镁为主要合金元素的铝合金	5×××
以镁和硅为主要合金元素并以 Mg2Si 相为强化相的铝合金	6×××
以锌为主要合金元素的铝合金	7×××
以其他合金元素为主要合金元素的铝合金	8×××

虽然铜的热导率比铝更高，但其密度差不多是铝的三倍，所以相同体积的散热器要比铝重很多，这与电子产品小型化和紧凑化要求相冲突。此外，其还存在加工难度大、熔点高、不易挤压加工和成本高等缺点。所以，铜散热器的应用要比铝或铝合金少很多，但是随着对电子产品性能的要求越来越高，导致热功耗大幅增加，铜材散热器的应用呈大幅上升趋势。

2. 散热器的加工工艺

（1）铝挤型

散热器的加工工艺主要有 CNC、铝挤型、压铸、铲齿、插齿、扣 Fin 等。

铝挤型散热器是将铝锭加热至460℃左右，在高压下让半固态铝流经具有沟槽的挤型模具，挤出散热器的初始形状，之后再进行切断和进一步加工。最常用的铝挤型散热器材料为铝合金 6063，根据时效类别的不同，又可分为 T4、T5、T6，其中 T5 的应用最为广泛，如图 3-18 所示。由于铝挤型加工工艺无法精确保证散热器的平面度等尺寸要求，所以通常后期还需要进一步的加工。其中一次性的模具成本可以分摊至每一个散热器。铝挤型散热器适用于大批量生产需要的场合，其生产成本相对较低。其缺点是齿片高度和齿片间距的比值（Z/X）有限制，通常建议不要超过 15，如图 3-19 所示。有些特殊的模具和工艺齿高比可以达到 20，但这样加工的难度和成本都会大幅上升。

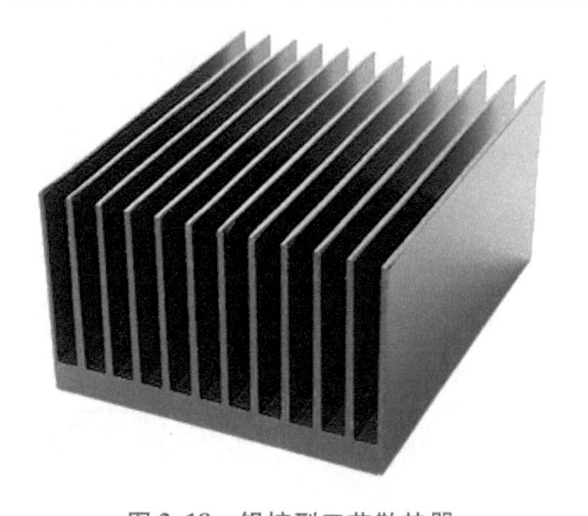

图 3-18　铝挤型工艺散热器

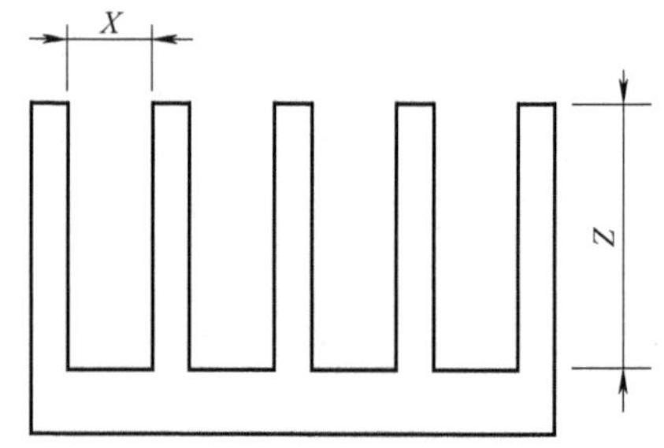

图 3-19　铝挤型散热器齿高比

（2）压铸

压铸是一种将熔化合金液体在高压的作用下高速填充钢制模具的型腔，并使合金液体在压力下凝固而形成铸件的加工方法，如图 3-20 所示。最常用的压铸散热器材料为 ADC12，属于铝合金的 Al-Si-Cu 系列，但其热导率只有 100W/(m·K) 左右。由于压铸件具有尺寸不精确、表面不光洁和形体复杂等特点，其后期需要进一步加工。压铸散热器的成本主要在于压铸模具、原材料、机加工和表面处理等。其中一次性的模具成本相对较高，但可以分摊至每一个散热器。压铸散热器适用于大批量生产需要的场合，生产成本相对较低，但模具费用比较高。另外，压铸散热器形态可以比铝挤型散热器更多样。但由于 ADC12 的热导率限制，其散热性能会稍差一些。

（3）铲齿

铲齿是将长条状金属板材通过机械动作，成一定角度将材料切出片状并进行校直，重复切削形成排列一致的齿片结构，如图 3-21 所示。1 系列的铝合金在铝合金的系列中最软，铝合金 1060 是常用的铲齿散热器材料。另外，铝合金 6063 和铜也是常用的铲齿散热器材料。铲齿散热器没有模具费用，适用于小批量生产需要的场合。其生产成本主要是原材料、铲齿加工、CNC 加工、表面处理等。铲齿散热器的优点是宽度没有特别限制，齿片可以加工至厚 0.2mm、高 100mm，齿片间距最大 6mm。相对于挤型工艺，铲齿的优点是可以加工出齿片密度更大，且齿高倍数比更大的散热器，进而在有限的空间内可以有比较大的散热面积，比较适合使用强迫风冷散热的场合。另外，铲齿散热器的明显特征是齿片根部的一侧会有些弧度。

图 3-20　压铸工艺散热器

图 3-21　铲齿工艺散热器

（4）插齿

插齿散热器的加工是将齿片插入散热器基板中，利用胶焊、钎焊或挤压等方式将齿片与基底进行连接，如图 3-22 所示。由于插齿加工涉及的齿片和基底为两个独立部件，基底多采用铝合金 6063，齿片采用铝合金 1050。基底可以采用 CNC 的方式加工齿片的插槽，齿片可以采用分条裁切。插齿散热器的齿片和基底结合非常重要，如果处理不当，可能会形成一定的接触热阻，影响插齿散热器的散热性

图 3-22　插齿工艺散热器

能。其成本中原材料的占比比较大。插齿散热器在有限的空间内也可以有比较大的散热面积，适合在强迫风冷的散热场合应用。

（5）扣 Fin

扣 Fin 是将铝合金 1050 或铜 1100 冲压而成的单个齿片组合成密集平行齿片体，之后将齿片体与基底进行焊接的散热器工艺。由于铝不具备可焊性，如果采用铝质基底和铝质扣 Fin，需要进行镀化学镍处理使其具备可焊性，如图 3-23 所示。其中齿片在冲压成型时，齿片的边缘保留有一小段特殊设计的凸出部分（扣点），将齿片固定在特定的模具中，将扣点弯折并相互锁合，成为密集平行齿片体。扣 Fin 散热器的优点是结构简单、加工工序少，适用于大批量生产需要的场合。其成本主要在于冲压模具、原材料、焊接和表面处理等。扣 Fin 散热器在服务器 CPU 等强迫风冷的散热场合应用比较普遍。

图 3-23　扣 Fin 工艺散热器

3. 散热器的表面处理

铝合金很容易在空气中氧化而在表面形成一层极薄的氧化铝膜。但这种自然氧化层并不致密，抗腐蚀能力不强，且易于沾染污物。基于美观、耐蚀性和提升散热性能等方面的要求，金属散热器需要进行表面处理。常见的表面处理工艺有阳极氧化、喷砂、镀化学镍和烤漆等。

（1）阳极氧化

阳极氧化的原理实质是水电解。将铝或铝合金为样机置于电解质溶液中，利用电解作用，使其表面形成氧化铝薄膜的过程称为铝或铝合金的阳极氧化处理。阳极氧化可以维持或改变铝或铝合金的颜色，散热器比较多地采用黑色阳极氧化，如图 3-24 所示。通常情况下，进行阳极氧化之后的散热器表面发射率会提高，热辐射的散热能力有所增强。

（2）喷砂

喷砂是指采用压缩空气为动力，利用高速砂流的冲击作用清理和粗化散热器表面的过程。通过对表面的冲击和切削作用，该工艺不仅能把散热器表面的锈皮等一切污物清除干净，而且产品表面还能显现均匀一致的金属光泽，如图 3-25 所示。

图 3-24　黑色阳极氧化散热器

图 3-25　散热器表面喷砂

（3）镀化学镍

镀化学镍是将镍合金从水溶液沉积到物体表面的一种工艺。其特点是表面硬度高、耐磨性能好、镀层均匀美观和抗腐蚀能力强等。由于热管的材质为铜，而散热器材质多用铝合金，铜铝无法直接焊接。热管和散热器经过镀化学镍之后，两者即可以采用锡焊等工艺进行焊接，如图 3-26 所示。

（4）烤漆

烤漆即通过高温（温度为 280～400℃）在散热器表面添加名为特氟龙的高性能特种涂料（见图 3-27），使散热器表面具备不粘性、耐热性、抗湿性、耐磨损、耐腐蚀性等特点。相比传统的喷漆工艺，美观上和导热性能上烤漆都要占据优势，但是如果是热管散热器，在烤漆时需要特别采用低温烤漆的形式，因为通常压扁后的热管在高温下极易膨胀变形。

图 3-26　散热器表面镀化学镍

图 3-27　散热器表面喷漆

3.2.3 铝挤型散热器性能分析实例

74765 是 AAVID 推出的一款铝挤型工艺的散热器，材料采用铝合金 6063-T5，如图 3-28 所示。其截面尺寸信息如图 3-29 所示。由于采用铝挤型工艺加工，沿气流方向的长度可以达到 2.4m，根据实际应用的需求可裁切成不同长度。长度为 1m 的 74765 质量大约为 3.57kg。

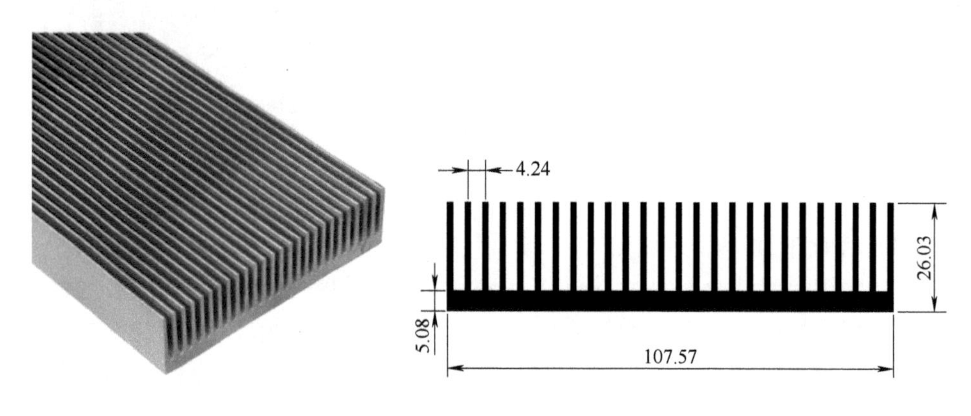

图 3-28　74765 实物图　　　　图 3-29　74765 的截面尺寸信息

图 3-30 所示为 74765 的长度为 127mm，底部热源尺寸为 25.4mm × 25.4mm 时，不同热源热功耗下的热源温升和 74765 的热阻值。对于自然对流冷却的散热器而言，其性能与热源的热功耗有关。

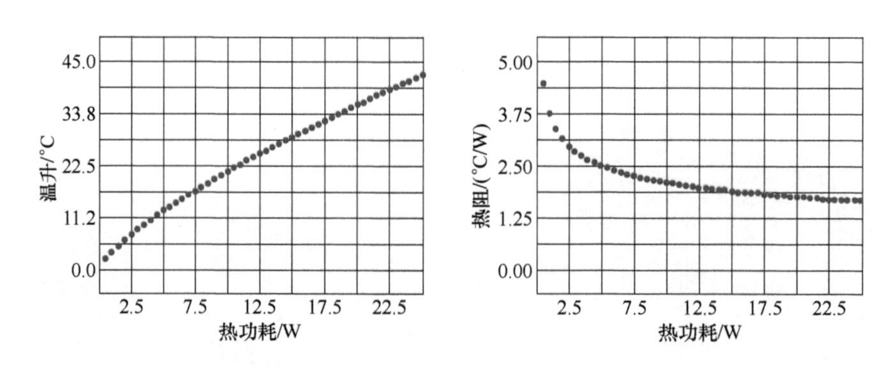

图 3-30　不同热源热功耗与热源温升、散热器热阻关系曲线

如图 3-31 所示，74765 的长度为 127mm，底部热源尺寸为 25.4mm × 25.4mm，热功耗为 25W 时，空气流速与热源温升、散热器热阻关系曲线。对于强迫对流冷却的散热器而言，其性能与通过的空气流速有关，空气的流速越大，热阻值越小，也即热阻值与空气流速正相关。

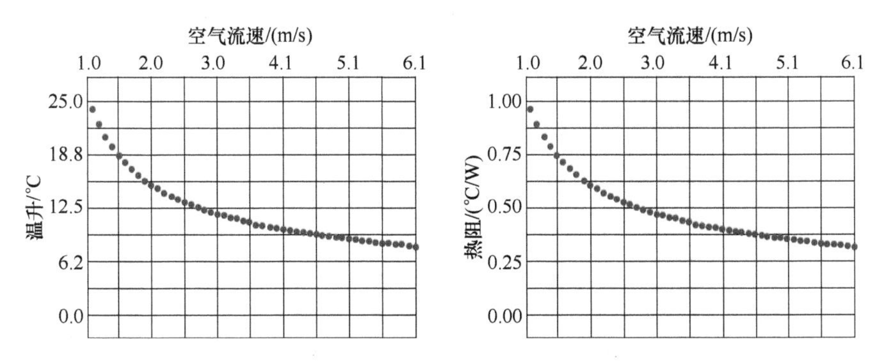

图3-31 空气流速与热源温升、散热器热阻关系曲线

在实际应用时，可根据实际使用条件，是自然对流还是强迫对流，以及空气流速的大小，估算出大致的温升，然后对比芯片对温升的要求，评估所选用的散热器是否满足芯片对温升的要求。

3.3 导热界面材料

3.3.1 速贷球馆的詹姆斯

勒布朗·詹姆斯（LeBron James）1984年12月30日出生于美国俄亥俄州阿克伦，美国职业篮球运动员，司职小前锋，绰号“小皇帝”。詹姆斯在2003年NBA选秀中于首轮第一顺位被克利夫兰骑士队选中。詹姆斯在为骑士队打球的前几年里，几乎每场主场赛前都会跑到解说台前抛镁粉。与举重和体操比赛类似，NBA球员也有往手上擦镁粉的习惯。由于镁粉的质量很轻，且具有很强的吸湿作用，球员擦镁粉可以增大手掌摩擦系数，增加持球的摩擦力。詹姆斯不仅仅双手掌心涂满镁粉，而且将多余的镁粉抛向空中，彰显一种君临天下的霸气！

由于任何物体表面都有一定的粗糙度，无论是詹姆斯的大手还是篮球表面都不平整，詹姆斯在持球时，手掌表面只是部分与篮球接触，中间存有不少的空气间隙。当手心出汗之后，容易出现手滑掉球的情况。镁粉不仅可以减少詹姆斯的场均失误，而且也为他提供了一个“耍酷”道具。

相类似的情况也出现在电子产品领域。如图3-32所示为散热器底面的逐级放大图，可以清晰地看到散热器底面上存在明显的高低不平。如图3-33所示，当芯片表面与散热器底部接触时，在两者接触面处存在一定的空气间隙，由于空气的传热性能非常差，由此产生的热阻称为接触热阻。当有大的热量通过接触面时，会在接触面的两侧形成较大的温度差。目前比较通用的方法是采用导热界面材料对接触面进行填充，将空气排挤出接触面，从而降低接触热阻值。某些导热界面材料在强化传热的同时，也具有绝缘和黏结等特性。

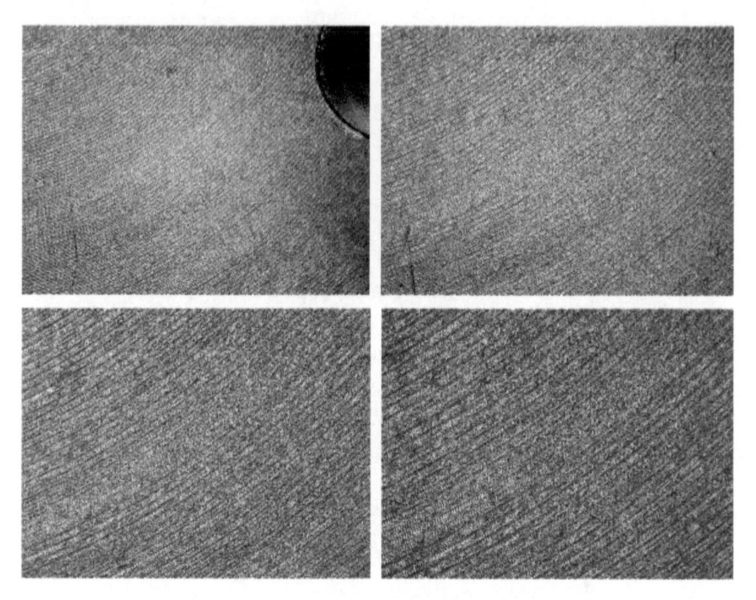

图 3-32　散热器底面逐级高倍放大

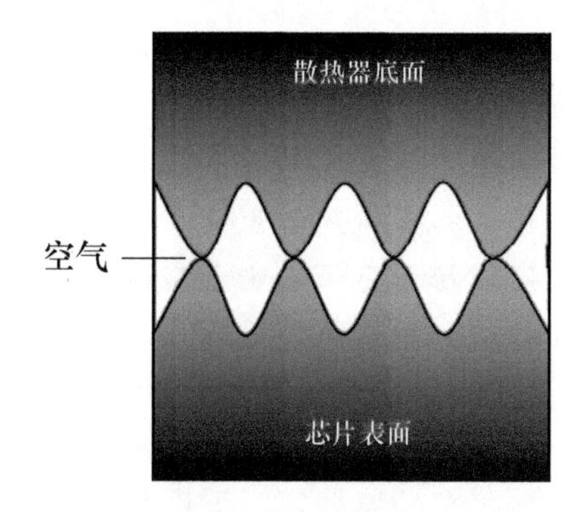

图 3-33　芯片表面与散热器底面的接触情况

3.3.2　导热界面材料的类型

导热硅脂又称硅脂或导热膏，英文名称为 Grease。其主要以耐温性优良的有机硅酮（硅油）为原料并填充氧化铝、氮化铝、氧化锌和铝粉等导热物质组成。其特点是具有一定的导热能力，又具有良好的绝缘性能，且应用环境温度范围比较宽泛。如图 3-34 所示，其形态与日常家用的牙膏相类似。一般导热硅脂的热导率在 1 ~ 8W/(m · K) 的范围之内。一般市场上导热硅脂的热导率在

4W/(m·K) 以上时，其填充的导热物质为铝粉为主，其耐击穿电压性能也会有所下降。相对而言，热导率更高的导热硅脂的黏稠度更高，其涂覆的可操作性也会差一些。导热硅脂适用于两接触面平整且直接接触的场合，例如 CPU 与散热器底面，MOSFET 与散热器等。

导热垫片又称导热垫、导热衬垫或导热硅胶片，英文名称为 Thermal Pad。其与导热硅脂相类似，导热垫片也是在有机硅酮（硅油）中填充起导热作用的金属氧化物。但其加工过程的硫化成型工艺，使其成品状态呈柔软的片状，如图 3-35 所示。导热垫片的热导率通常在 1 ~ 10W/(m·K) 的范围。少数国外厂商可以在保证导热垫片绝缘性能的同时，将热导率做到 15W/(m·K)。导热垫片适用于两接触平面非直接接触，或者接触面非平整的场合，例如芯片与外壳之间。

图 3-34　导热硅脂

图 3-35　导热垫片

导热凝胶主要由有机硅酮（硅油）和导热的金属氧化物组成。常用的导热凝胶有单组分和双组分两种，如图 3-36 所示。导热凝胶应用在物体表面之后，其最终形态类似于果冻，如图 3-37 所示。一般情况下，导热凝胶的热导率也在 1 ~ 10W/(m·K) 的范围内。其应用场合与导热垫片类似，可以填充两接触面有一定间隙和非平整的表面。与导热垫片相比其最大优点是适用于一些间隙可能会发生变化的场合。例如，汽车功放的功率器件和外壳之间，由于产品振动

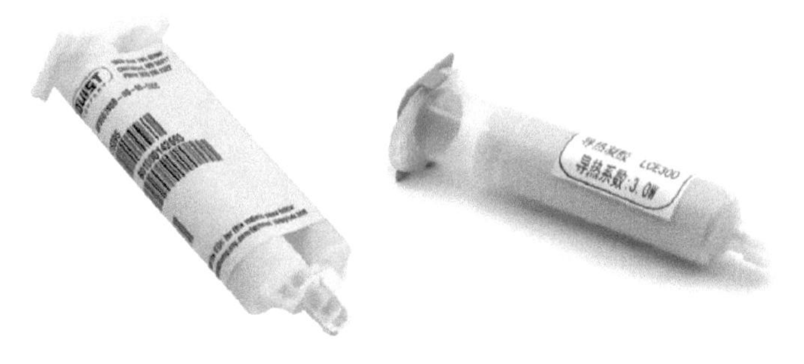

图 3-36　双组分导热凝胶（左）和单组分导热凝胶（右）

的影响，功率器件和外壳之间的缝隙可能会轻微变大，导热凝胶可以随着间隙的变化而变化。

相变材料（Phase Change Material）是指随温度变化而改变形态的物质，如图3-38所示。相变导热界面材料是一种在低温下（一般为45～65℃）由固体变为黏性流体的界面填充材料。在室温下，相变材料可以作为片状固体方便地进行使用和处理。在工作温度下，其又具有液态材料的优良润湿性和填充性。相变导热材料在实际应用中的不断充分相变，其传热性也会有所提升。相变材料的应用场合与硅脂有一定相似性，适用于两接触面平整且直接接触的场合。相变材料有着硅脂所不具备的优点，即手动与散热器装配的整洁性和便利性，不含有任何硅成分，适合于在一些无硅电子产品中应用。其缺点是需要进行一定模切，将整张相变材料裁切为需要的尺寸进行应用。市场上也有膏状的相变材料，其是在固态相变材料中添加了溶剂。虽然膏状的相变导热界面材料与硅脂的形态非常类似，但是其内部不含任何硅成分。

图3-37　导热凝胶的应用形态

图3-38　卷材包装固体相变导热界面材料

除了以上四种常用的导热界面材料之外，还有具有黏性的导热胶带、高热导率的导电碳纤维导热垫片、各向异性的导热石墨片等。

3.3.3　导热界面材料的选择

导热界面材料在选择时需要关注填充缝隙的特性、热性能的要求、绝缘要求、安装的易用性和价格等因素。

填充缝隙的特性可以分为表面特性、厚度和压力等。如图3-39所示为物体表面的粗糙度和平面度的示意。例如，电子产品中的散热器平面度可以达到0.1mm。两个接触面的平面度比较大时，导热硅脂和相变材料的流动性比较强，可能会出现界面材料挤出的现象。此时，可以采用导热垫片来填充两者的缝隙。

例如，多个高发热源（Die）的芯片在工作时，上表面由于温度不均匀而造成严重翘曲。此时，可以采用导热垫片来填充两者的界面。

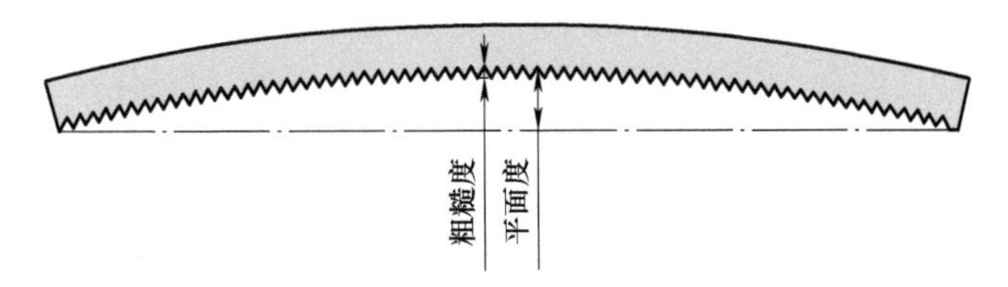

图3-39　表面的粗糙度和平面度的示意图

如果需要填充两个非接触表面的缝隙，此时可以考虑采用导热垫片和导热凝胶。在进行批量生产时，导热凝胶需要采用点胶机配合工作，从而提高生产效率。另外，导热凝胶的黏附性和弹性较好，即使在填充缝隙发生一定变化时，也可以保证比较好的热性能。导热垫片可能会由于长期的受压而产生压缩形变，从而影响热性能。当然有些导热垫片具有非常好的回弹性。

导热界面材料实际应用时的性能不仅取决于材料的热导率，而且与接触表面间的压力有关。一般来说，同样的界面材料所受压力越大，其产生的热阻越小，传热性能越好。由于导热界面材料中导热颗粒直径的关系，导热界面材料有一个极限的厚度值。如图3-40所示，随着导热硅脂所受压力变大，界面材料的厚度变薄，相应的热阻值也减小。但硅脂内的导热颗粒直径为25μm，所以导热硅脂的实际应用最小厚度为25μm。由此可见，硅脂实际的应用性能（热阻），不仅取决于其热导率，还与应用时所受压力和自身的导热颗粒直径有关。

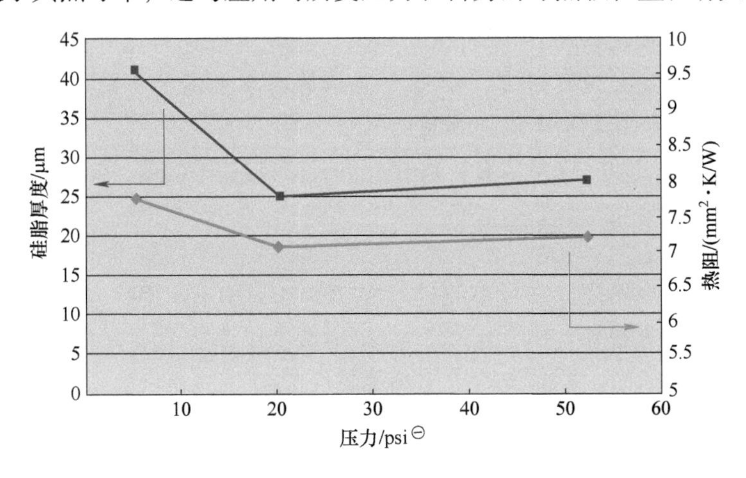

图3-40　导热硅脂厚度和热阻随压力变化曲线

㊀ 1psi = 6.895kPa，后同。

由于物体的传热和导电的机理类似，如果没有绝缘的要求，可以选择一些高热导率的界面材料。

对于高热导率的硅脂和相变材料，由于添加了比较多的导热物质，其黏稠度比较高，实际在涂覆时往往会更困难一些。此时，可以采用一些辅助的涂覆工具来协助。

3.4 冷　板

3.4.1 法拉盛公园的德约科维奇

德约科维奇看了一眼球网对面的纳达尔，俯身不断拍球。一下、两下、三下……十二下、十三下，德约科维奇调整着自己的呼吸，抛球，一记中路的追身发球，纳达尔侧身正手拉上旋球回球。德约科维奇闪正手直接制胜得分。

德约科维奇抛掉手中球拍，躺倒在法拉盛公园的阿瑟·阿什球场上，享受着全场观众的掌声和欢呼。经过4小时10分钟的鏖战，在2011年美国网球公开赛中德约科维奇职业生涯首夺美网男单冠军。

纵观全场比赛，两人的缠斗非常精彩。对于德约科维奇而言，不仅要面对顽强不屈的纳达尔，还要解决身体的伤痛问题。第四盘伊始，德约科维奇的腰部似乎旧伤复发，他艰难保发后申请了一次医疗暂停。理疗师进场后迅速对德约科维奇进行背部按摩和放松，最后用冰袋敷在德约科维奇的腰背处，缓解出现的不适症状。医疗暂停结束后，德约科维奇火力全开，以6:1的比分结束战斗。全场比赛四盘比分6:2，6:4，6:7，6:1，这也是德约科维奇继澳网、温网后赛季收获的第三座大满贯冠军、职业生涯的第四个大满贯头衔。这得益于理疗师的有效治疗，以及起冷却肌肉作用的冰袋。

以热设计工程师的视角来看，理疗师的神奇冰袋就如同一块冷板。

3.4.2 冷板的类型和特点

电子产品的冷板是指一种单流体（空气、水或其他冷剂）的热交换器，作为电子产品的换热装置。由于电子产品功率密度不断上升，目前以水或其他冷剂为流体的冷板在电子产品中的应用越来越广泛。

根据冷板的加工工艺可分为压管、密封圈、搅拌摩擦焊、真空钎焊等。

压管工艺是将铜管压入计算机数字控制机床加工（CNC）或铝挤型加工的铝合金板中，铜管与铝合金板采用过盈、胶接或焊接等不同工艺，最后采用CNC进行加工以保证冷板平面度，如图3-41所示。采用压管工艺制作冷板加工工艺简单、成本较低，但比采用其他加工工艺制作的冷板的性能要差。

密封圈工艺是将冷板的上下盖用螺纹紧固，上下盖之间采用密封圈来保证密封性，如图3-42所示。冷板上下盖可以采用CNC或压铸加工的方式。这种工艺的特点是加工工艺简单，成本较低，但密封性会略差。

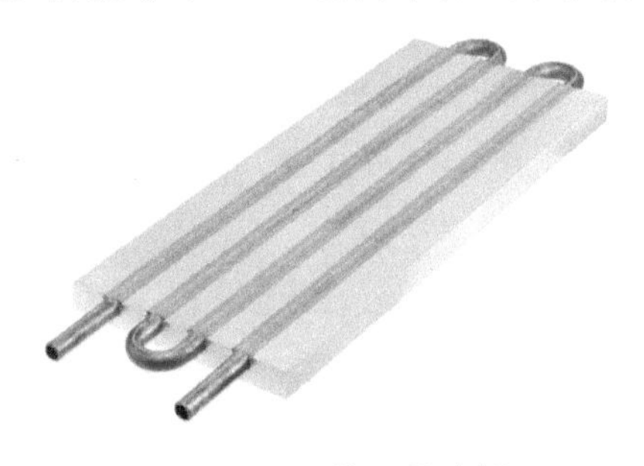

图3-41　压管工艺冷板

图3-42　密封圈工艺冷板

搅拌摩擦焊工艺是指利用高速旋转的焊具与工件摩擦产生热量使被焊材料局部熔化，当焊具沿着焊接界面向前移动时，被塑性化的材料在焊具的转动摩擦力作用下由焊具的前部流向后部，并在焊具的挤压下形成致密的固相焊缝。如图3-43所示。冷板上下盖可以采用CNC或压铸加工的方式，最后再采用CNC进行加工以保证冷板平面度。这种工艺的特点是性能较好，可靠性高，但成本偏高。

图3-43　搅拌摩擦焊工艺冷板

真空钎焊是指工件的加热在真空室内进行，主要用于要求质量高的产品和易氧化材料的焊接。冷板上下盖可以采用CNC或压铸加工的方式，最后再采用CNC进行加工以保证冷板平面度等，如图3-44所示。这种工艺的特点是性能较好，支持结构复杂，可靠性高和成本偏高。

图3-44　真空钎焊工艺冷板

3.4.3 冷板的选择

在进行冷板选择时，需要知道冷板的流量、入口流体温度、冷板散掉的热量和冷板允许的最高表面温度。首先通过式（3-5）计算冷板出口的流体温度。必须确保 T_{out} 小于冷板允许的最高表面温度 T_{max}，否则设计必须进行相应的调整。

$$Q = \rho \dot{v} c_p (T_{out} - T_{in}) \tag{3-5}$$

式中，Q 为冷板散掉的热量（W）；ρ 为流体的密度（kg/m^3）；$\dot{v}$ 为流体的体积流量（m^3/s）；c_p 为流体的比定压热容［J/(kg·K)］；T_{out} 为冷板出口处流体温度（K）；T_{in} 为冷板入口处流体温度（K）。

如果计算得到的 T_{out} 小于冷板允许的最高表面温度 T_{max}，则通过式（3-6）计算冷板的最大允许热阻。其中 T 的值需要参考所选型的冷板规格书，冷板规格书采用入口流体温度作为热阻的计算参数，也有厂商会采用出口流体温度作为冷板热阻的计算参数，所以在进行选型之前必须了解清楚。

$$R_{cold} = \frac{(T_{max} - T)}{Q} \tag{3-6}$$

式中，R_{cold} 为冷板允许的最大热阻（℃/W）；T_{max} 为冷板允许的最高表面温度（℃）；T 为冷板的入口或出口温度（℃），根据冷板选型手册中的定义；Q 为发热元器件的热功耗（W）。

如图 3-45 所示，冷板的规格书中会提供冷板流量与热阻的性能曲线，根据 R_{cold} 和 $\dot{v}$ 可以选择合适的冷板。

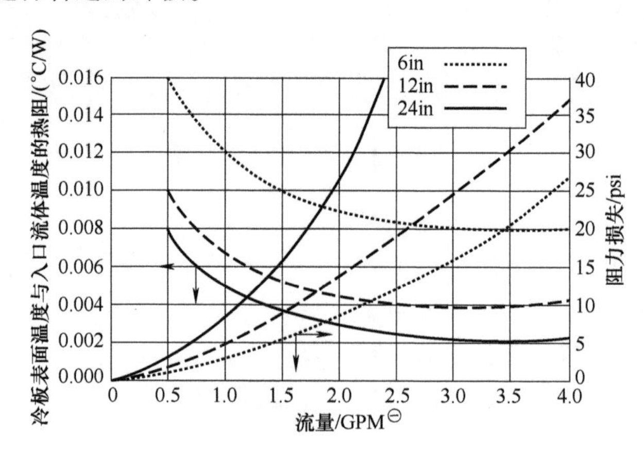

图 3-45 冷板规格书

㊀ 1GPM = 3.78541dm³/min，后同。

例如，一颗热功耗为 600W 的 IGBT 模块采用冷板冷却，冷板的入口冷却液流量和温度分别为 $0.000063\mathrm{m}^3/\mathrm{s}$ 和 30℃。需要保证冷板的表面最高温度不超过 50℃。

根据式（3-5）计算冷板出口处流体温度，流体密度和比定压热容基于 30℃ 时的水，于是有

$$Q=\rho\dot{v}c_{\mathrm{p}}(T_{\mathrm{out}}-T_{\mathrm{in}})$$

$$600\mathrm{W}=995.7\mathrm{kg/m^3}\times0.000063\mathrm{m^3/s}\times4174\mathrm{J/(kg\cdot K)}\times[T_{\mathrm{out}}-(30\mathrm{K}+273\mathrm{K})]$$

$$T_{\mathrm{out}}=305.3\mathrm{K}=32.3℃$$

根据式（3-6）计算允许的冷板热阻值

$$R_{\mathrm{cold}}=\frac{(T_{\max}-T)}{Q}=\frac{45-30}{600}℃/\mathrm{W}=0.025℃/\mathrm{W}$$

由于 IGBT 与冷板接触面积与冷板热阻测试热源大小可能有所差异，建议选择时留有一定的裕量。可以选用图 3-45 中所示的 6in 冷板，其流量 $0.000063\mathrm{m}^3/\mathrm{s}$ 时，热阻为 0.012℃/W 符合设计要求，并且具有设计裕量。

3.5 均温板和热管

3.5.1 棋枰前的陈祖德

1963 年 9 月 27 日，北海公园悦心殿内，陈祖德坐在素有“棋仙”美誉的日本围棋九段杉内雅男的面前（见图 3-46）。这是中国当时围棋最强者向着日本强九段发起的冲击，沉寂了太久的中国围棋，正准备借着这一战，向世界围棋传递归来的讯息。

图 3-46 陈祖德与杉内雅男对弈

受先，半子，这样的胜负，在现在看来当然并不让人满意，但在那时，却是重若千斤。双方收完最后一个官子，近 10 小时的激战结束。陈祖德靠在椅背上轻呼一口气“一目”，杉内雅男凝神细思后说出的“我输了”，犹若迅雷疾风，狂飙在输棋已经输了太久的中国棋坛。日本九段不可战胜的神话终结在这

一刻，而中国围棋重新复苏的号角，也正在这一刻开始鸣响。

许多年后陈祖德在棋谱注解中说："这是我第一次战胜日本九段棋手，虽然是在让先的情况获胜的，但毕竟有了这个第一次。而且在中国围棋史上这也是第一次。半个子是那么微不足道，然而这半个子又重逾千斤啊！我永远不会忘记这美好的一天，1963 年9 月 27 日。"

围棋是一项包含很多哲学思想的运动，其精髓无外乎"均衡"两字。在纵横交错之中，需要兼顾全局与局部的平衡，棋形强弱之间的平衡，实空与外势之间的平衡以及得利与舍弃之间的平衡。最近几年，均温板和热管在电子产品的应用越发普遍，形如棋枰，高效均温。

3.5.2 均温板和热管介绍

均温板是一个内壁具有微结构的真空腔体，并填充有液体工质。均温板的主要组成是腔体、工质、支撑柱和腔内微结构，如图 3-47 所示。如图 3-48 所示，当均温板的下侧受热时，腔体内的液体工质会在低真空度的环境中开始蒸发汽化。此时，液体工质吸收热量，并且体积快速的膨胀，气相的工质充满整个腔体。当气相工质接触至均温板上侧相对冷的面时将发生凝结现象。冷凝之后的液相工质通过腔体内表面的微结构回流至高温侧。热量通过蒸发和凝结的方式由均温板的下侧传递至上侧，由于整个过程有相变存在，所以热量传递的效率非常高。此过程往复循环，即为均温板的工作方式。

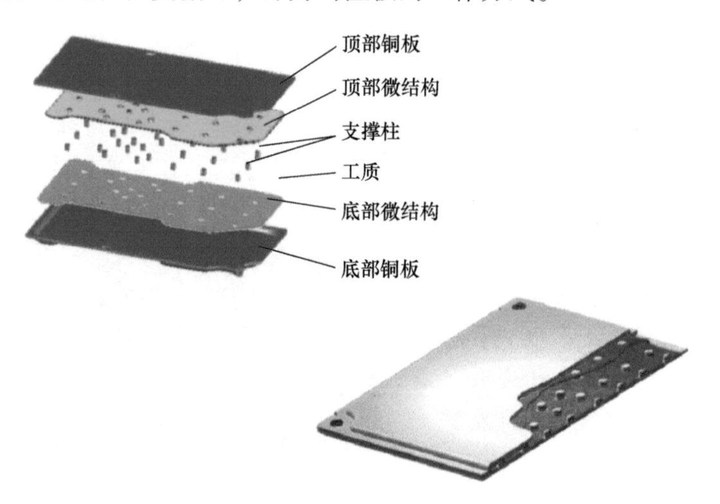

图 3-47　均温板的结构

如图 3-49 所示为均温板的参考传热量，热源尺寸为 30mm × 30mm。均温板实际所能传递的热量也与低温侧的散热效率和热源热功耗密度相关。

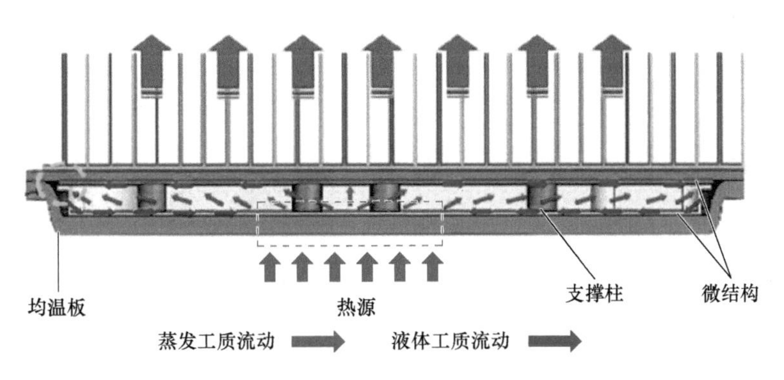

图 3-48　均温板工作原理

		1.0mm	1.2mm	1.5mm	2.0mm	2.3mm	2.5mm	3.0mm	>3.0mm
尺寸/mm×mm	45×45	10W	15W	20W	25W	60W	80W	100W	>100W
	90×90	40W	50W	80W	100W	150W	180W	250W	>300W
	120×120	40W	50W	80W	100W	160W	200W	275W	>300W
	150×150	—	—	80W	100W	170W	220W	300W	>300W
	200×200	—	—	—	100W	175W	225W	>300W	>300W
	250×250	—	—	—	—	180W	240W	>300W	>300W
	300×300	—	—	—	—	—	—	—	>300W

图 3-49　均温板的参考传热量

热管主要由管壳、液体工质和内部吸液芯组成如图 3-50 所示。与均温板类似，热管内部也呈负压状态。如图 3-51 所示，热管的蒸发端（位置 1）受热时内部液体工质蒸发汽化，蒸气在微小的压力差下流向（位置 2）另一端放出热量并凝结成液体（位置 3 和 4）。冷凝之后的液相工质通过热管内壁的结构回流（位置 5）至蒸发端。如此往复循环，热量由热管的蒸发端传递至冷凝端。蒸发端一般会与发热源相连，冷凝端有时会布置有风扇（位置 6）。

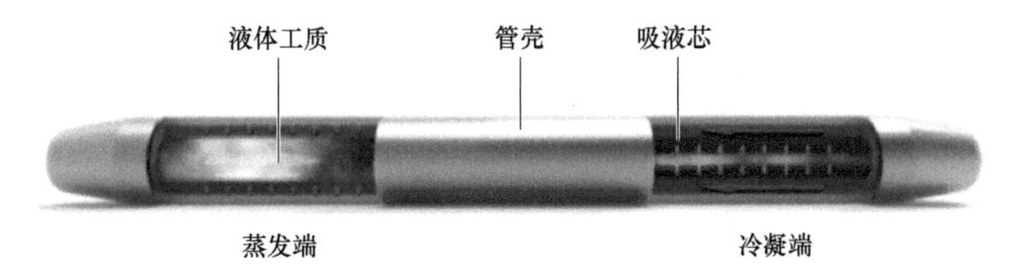

图 3-50　热管的结构

如图 3-52 所示为常见不同热管直径的最大传热量，当热管被打扁之后，其最大传热量也有所下降。

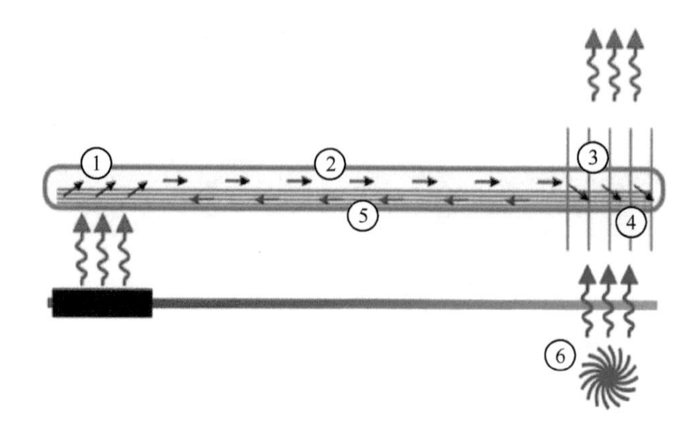

图 3-51 热管的工作原理

重要参数	直径/mm				
	3	4	5	6	8
最大传热量/W	15.0	22.0	30.0	38.0	63
典型的打扁高度/mm	2.0	2.0	2.0	2.0	2.5
典型的打扁宽度/mm	3.57	5.14	6.71	8.28	11.14
打扁后的最大传热量/W	10.5	18.0	25.5	33.0	52.0

图 3-52 热管的最大传热量

3.5.3 均温板和热管应用实例

本实例研究了均温板、热管和纯铝合金材质的强迫风冷散热器的性能。三款散热器均采用铝合金 1060 材质，仅是基底的结构形式不同。基底尺寸均为 5mm × 78mm × 105mm，翅片高度、厚度和数量分别为 21mm，0.4mm 和 25mm，如图 3-53 所示。

图 3-53 三款不同形式的散热器

三款散热器的基底采用不同的形式，如图3-54所示（左）为散热器的基底采用了一块2.5mm厚的均温板；如图3-54所示（中）为散热器的基底中间区域采用了四支直径为6mm打扁的热管，热管之间填充树脂胶；如图3-54所示（右）为纯铝合金1060材质的散热器基底。

图3-54 均温板（左）、热管（中）和纯铝合金（右）散热器基底

散热器被置于热阻测试台，加热源尺寸为30mm×30mm，热功耗为105W。热源与散热器之间的压力为9.62kgf/cm²[⊖]，并且两者间涂覆有导热硅脂。通过散热器的空气流速约为3m/s，如图3-55所示。

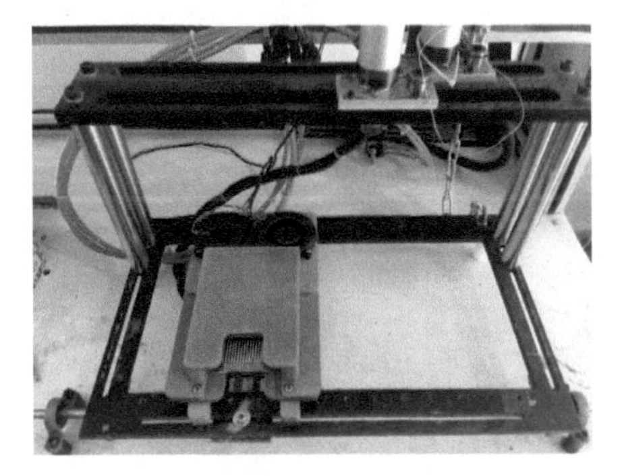

图3-55 测试环境

测试结果见表3-2，均温板散热器的热阻要比其他两款散热器的热阻小12%左右，性能上明显优于另外两款。在此测试环境下，热管散热器的性能并没有明显优于纯铝合金散热器，其主要原因是散热器的尺寸和热源尺寸相差不算太大，另外热管散热器底部填充的树脂胶可能也对热量在基底的传递产生一定影响。

表3-2 三款散热器性能测试结果

散热器	芯片热功耗/W	环境温度/℃	热源温度/℃	热阻/(℃/W)
均温板	105	20.19	49.35	0.278
热管	105	20.35	53.51	0.316
纯铝合金	105	20.35	53.68	0.317

⊖ 1kgf/cm² = 0.0980665MPa，后同。

第4章 热仿真基础

热仿真分析的目的是要了解产品中是否存在热风险的区域，产品的散热架构和路径是否能有效实现热量的传递。基于仿真分析的结果可以有助于产品的热设计优化，降低产品的热风险。

自 1981 年第一款商业的 CFD 软件问世以来，CFD 软件的易用性和功能一直在不断增强。但这些商业公司似乎忽略了软件的趣味性，笔者曾经供职于热仿真软件 FloTHERM 的母公司，一直希望在软件中增加一个类似反恐精英的对战模块。当项目评审，电子、机构和散热各专业无法达成热设计优化方案时，或许各方可以直接进入对战模块来解决。当然劝说老板花钱来买这个对战模块可能会有些难度，只能希望他当年也是一个反恐精英的发烧玩家。

4.1　反恐精英 CS

时间：2001 年 7 月 4 日 22：15 分

地点：Dust II

人物：警察战队：良哥、志强、小胖、彬彬、班长、琦、老大

恐怖分子：锐步、555、春飞、阿连、Westking、茅茅

情节：……咔咔咔，咔咔咔，只有 15s 的装备购买时间，一声 Follow Me 之后，锐步、555 和春飞走小道发起进攻，阿连和茅茅走 B1 层，主要负责断后。Westking 一个人摸 A 门，进行佯攻。锐步在 A1 位置往中门扔了个闪光弹，同时架着 AWP（狙击枪），防止 A2 有警察出来偷队友。555 和春飞在掩护下迅速往 A2 靠。此时，A2 冲出来良哥和志强两个人强打，555 的 AK 连续点射爆头良哥。志强下蹲使沙鹰准星变小，甩枪方式将春飞击毙，同时一颗高爆手雷（见图 4-1）扔向躲在木箱后的锐步。锐步立刻跳狙直接废掉志强的同时，想避开手雷。但 A2 木箱附近空间狭小，还是没有机会躲开。手雷爆炸之后产生的高温将凤凰战士（锐步在 CS 选择的恐怖分子）和木箱烤成一片漆黑。

图 4-1　反恐精英中的高爆手雷

反恐精英（Counter-Strike）是一款 2000 年起在全球风靡的对战类射击游戏，如图 4-2 所示。游戏中玩家分为“警察战队”和“恐怖分子”两个阵营。每个队伍必须在一个地图上进行多回合的战斗。赢得回合的方法是达到该地图要求的目标，或者是完全消灭敌方玩家。反恐精英按照其创始人杰西·克利夫（Jess Cliffe）的诠释为

“它是基于团队起主要作用的游戏，一队扮演恐怖分子的角色，另一队扮演

反恐精英的角色。每一边能够使用不同的枪支、装备，而这些枪支和装备具有不同的作用。地图有不同的目标：援救人质，暗杀，拆除炸弹，逃亡等”。

图 4-2 反恐精英启动界面

彼时反恐精英盛行时，国内大大小小的网吧中充斥着“Go，Go，Go”，“Follow me”和“咔咔咔”清脆的枪声。得益于志强扔出的那颗 M67 高爆手雷，锐步第一次在虚拟的世界里了解到高温引起的破坏力。这像极了锐步日后在工作中热仿真模拟芯片由于发热而引起的高温失效。

4.2 热仿真软件介绍

当一个电子产品处于概念设计阶段（见图 4-3）时，基于对产品可靠性和性能的考虑，此时就希望获取产品内部的温度、速度等信息。但设计阶段没有实际产品可用于测试评估。此时，数学家成了一直是被大家诟病的对象。因为早在一百多年前传热和流体流动学术“大牛”们就提出了空间上的质量、能量和动量守恒方程。彼时，只要数学家能将这些偏微分的方程求解出来，就能获取空间上任意位置的温度、速度和压力信息。换言之，就可以在没有实际物理样机的情况下，知晓设计产品内部的温度、速度和压力值。

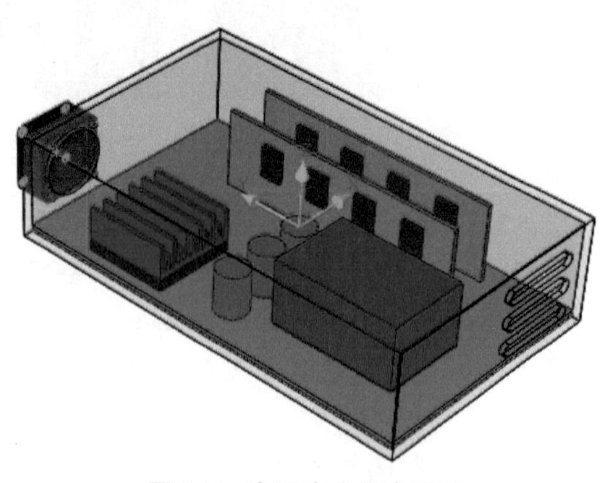

图 4-3 电子产品概念设计

质量守恒方程为

$$\frac{\partial \rho}{\partial t} + \mathrm{div}(\rho u) = 0 \tag{4-1}$$

X 方向动量守恒方程为

$$\frac{\partial(\rho u)}{\partial t} + \mathrm{div}(\rho u u) = \mathrm{div}(\mu \mathrm{grad} u) - \frac{\partial P}{\partial x} + S_u \tag{4-2}$$

Y 方向动量守恒方程为

$$\frac{\partial(\rho v)}{\partial t} + \mathrm{div}(\rho v u) = \mathrm{div}(\mu \mathrm{grad} v) - \frac{\partial P}{\partial y} + S_v \tag{4-3}$$

Z 方向动量守恒方程为

$$\frac{\partial(\rho w)}{\partial t} + \mathrm{div}(\rho w u) = \mathrm{div}(\mu \mathrm{grad} w) - \frac{\partial P}{\partial z} + S_w \tag{4-4}$$

能量守恒方程为

$$\frac{\partial(\rho T)}{\partial t} + \mathrm{div}(\rho u T) = \mathrm{div}\left(\frac{k}{c}\mathrm{grad} T\right) + S_T \tag{4-5}$$

但由于这些控制方程相互耦合且具有非齐次等特点，无法直接进行求解来获得解析解。直至 20 世纪 50、60 年代计算机技术的兴起，加之帕坦卡和斯波尔丁等人创新性地提出了计算流体动力学技术，使求解这 5 个偏微分控制方程成为可能。

计算流体动力学（CFD）的原理是把原来在时间域及空间域上连续的物理量的场，如温度场和速度场，用一系列有限个离散点上变量值的集合来替代，通过一定的原则和方式建立起关于这些离散点上场变量之间关系的代数方程组，然后求解代数方程组获得场变量的近似值。

如图 4-4 所示为 CFD 技术在应用时首先对整个产品所在的空间进行离散，形成一个个相互紧邻的小方格（网格）。由于实际过程中，代数方程的数量会有成千上万个，唯有通过迭代求解的方式，才能得到每个网格内物理量的数值。也就是先要假设所有网格内具有相同的温度，之后结合相应的边界条件等计算对应的网格内的速度和压力。之后，循环往复直至每个网格内的数值不再随迭代次数的增加而变化。

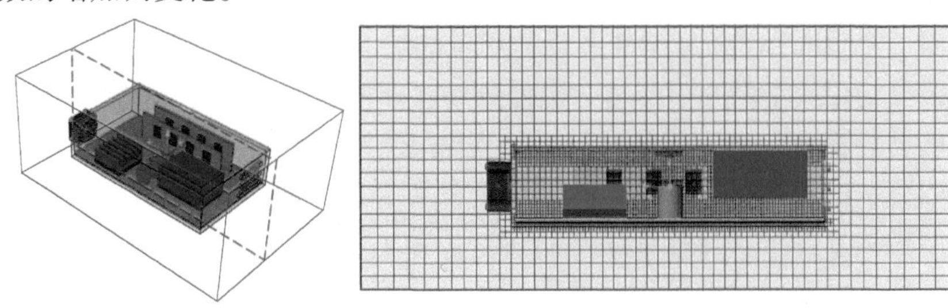

图 4-4　电子产品所在空间的离散

之后，采用有限体积法等技术建立这些小方格内各个物理量的代数关系式。如图4-5所示，P小方格内的温度与周围E、S、W和N小方格的温度有关，周围小方格内的温度对P小方格的影响程度依靠系数a_W、a_E、a_S、a_N反映。与建立的温度方程相类似，同样可以建立P小方格内的速度和压力与周围小方格的代数关系式。由于速度是矢量，具有方向性，所以一个小方格内有5个代数方程待求解，其中3个速度方程、1个温度方程和1个压力方程。

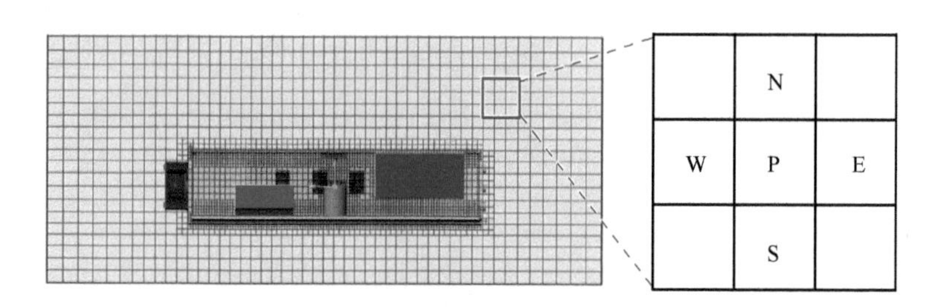

图4-5　建立的网格空间

$$a_P T_P = a_W T_W + a_E T_E + a_S T_S + a_N T_N + b \tag{4-6}$$

由于整个产品所在空间的代数方程数量非常多，所以采用迭代的方式进行求解。先假设求解空间内所有网格内的温度为某一个值，然后将边界条件、网格内的发热源项［即式（4-6）中的b］都代入类似的代数公式中。然后计算对应情况下网格内的速度和压力。此过程循环往复，直至网格内的温度、速度和压力都达到一个稳定值。换言之，直到网格的数值不再随迭代计算的进行而变化。此时，认为获得了可信的计算结果。

绝大多数的商业热仿真和流动仿真软件都是基于CFD技术发展和兴起的，其最大的特点就是通过建立产品模型和输入相关参数，就可以得到温度、速度和压力等结果。由于各个领域的行业特点和需求有所差异，衍生了很多专注于某一领域的CFD商业软件。例如，专注于电子产品热仿真的CFD软件FloTHERM，其应用场景主要集中在消费电子、电力电子和通信等产品。

如图4-6所示为FloTHERM软件使用时的基本流程。首先是建立模型，在这一阶段需要构建模型的几何形体、边界条件（环境温度、压力）、赋予所有几何体相应的材料属性、对于发热元器件赋予热量，以及设定流体流态等。以上所提及的内容，也是进行热仿真分析之前需要准备的数据。第二阶段是对仿真项目进行网格划分，主要是将模型进行空间离散，识别几何模型及为后期求解计算建立基础。求解计算主要由计算机完成，可以实时显示求解计算的状态。后处理阶段主要进行计算结果的分析和处理。

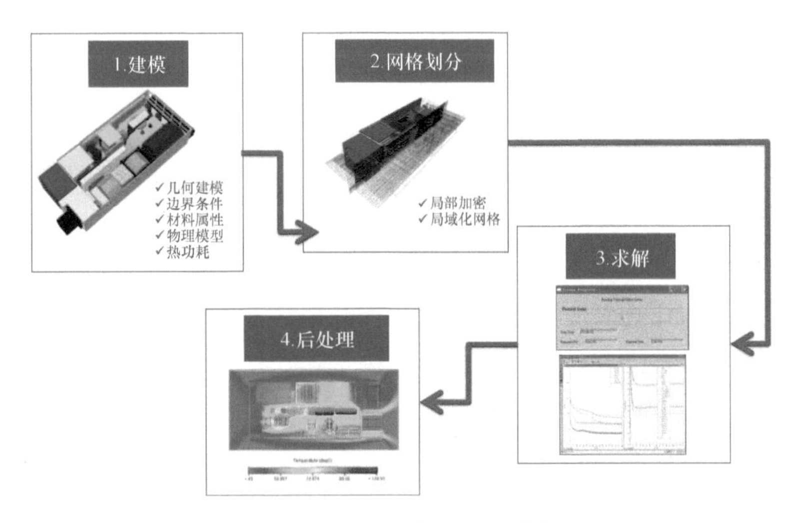

图 4-6　FloTHERM 软件使用基本流程

4.3　热仿真实例分析

通信行业中的路由器主要作用是连接不同局域网、数据处理和网络管理。

在路由器设计方案的研发初期，借助于热仿真手段可以快速、有效地掌握整个路由器的散热性能，确定热风险的区域和得到元器件的结点温度。热仿真分析过程可以分为建模、网格划分、求解和后处理四个步骤。通常情况下，热仿真需要几何模型、元器件热功耗、材料属性和环境条件四类基本参数信息。本实例中需要以下信息：

1）系统几何模型：路由器的 3D 数据文件。

2）材料属性：机箱、硬盘、内存等的材料属性。

3）风扇特性：系统所用风扇的规格书。

4）元器件热阻特性：元器件的规格书。

5）元器件热功耗：系统内部各重要元器件的热功耗。

6）环境条件：最恶劣工作环境温度和压力。

热仿真建模的目标是将路由器在仿真软件中构建出来，并且赋予与流动和传热相关的所有特性。如图 4-7 所示为路由器 3D 结构模型，结构工程师提供的 3D 文件往往会包括拉手、倒角、拔模、螺钉等细节。这些信息实质上并不会对热仿真结果有影响，但会大幅增加热仿真的计算时间和效率。如何将结构 3D 模型转换为合理的热仿真模型考验的是热仿真工程师的智慧。热仿真工程师必须对产品的冷却架构有清晰且深入的理解。

如图4-7（左）所示为本实例3D的结构几何模型，通过一定的模型简化，可将复杂的结构几何模型转化为热仿真模型，如图4-7（右）所示。

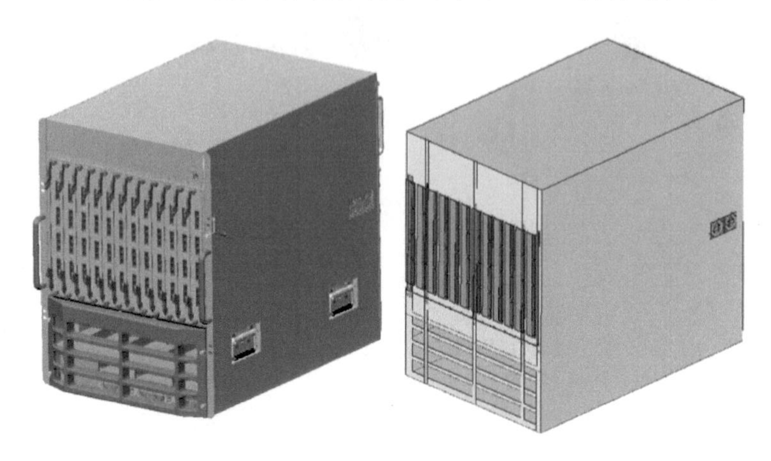

图4-7 路由器3D结构模型（左）和热仿真模型（右）

路由器的热仿真几何模型建立完成之后，需要设置模型内几何所有部件的材料属性。如图4-8所示为路由器中的插板，包括散热器、光模块和PCB等部件，这些都需要设置相应的材料属性。

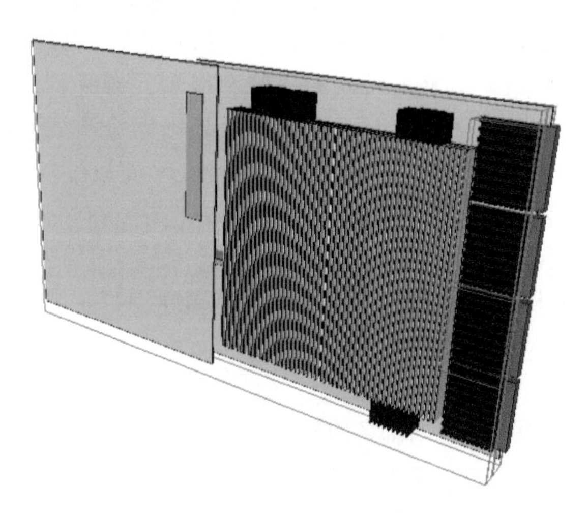

图4-8 设置材料属性的插板

根据风扇的规格书，设置热仿真模型中的风扇特性参数，如图4-9所示。

图4-10所示为插板上一款FCBGA封装芯片规格书中的热阻信息，在本热仿真实例中，采用双热阻模型建立这款封装元器件。如图4-11所示为仿真模型中封装元器件的热阻设置。

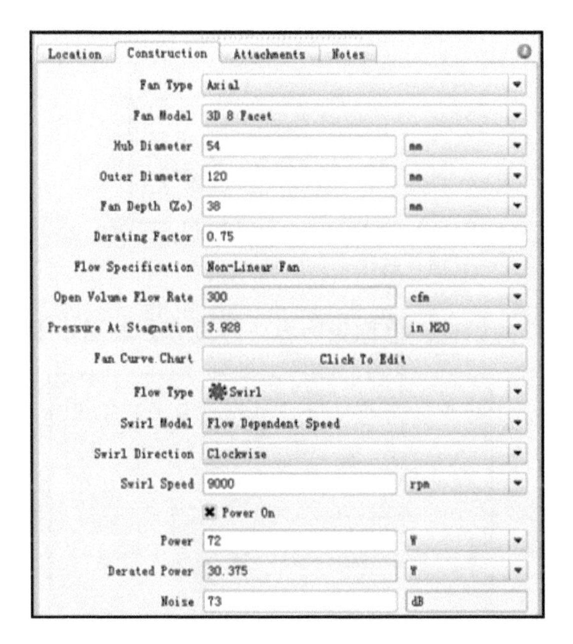

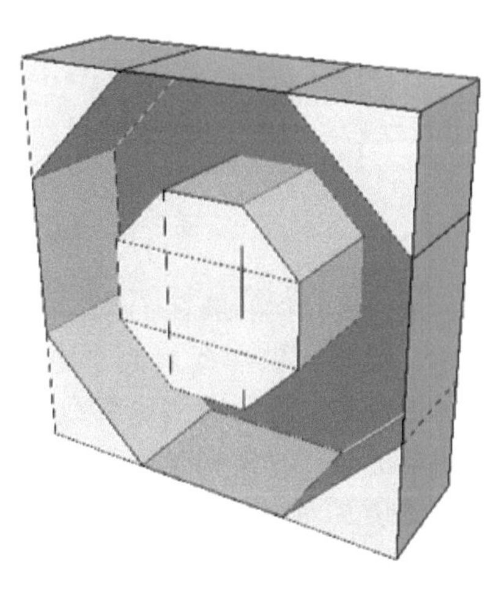

图 4-9　风扇热仿真模型及参数

Parameter [15]	Description	Test Conditions		361-ball FCBGA Package	Unit
Θ_{JA}	Thermal resistance (junction to ambient)	Test conditions follow standard test methods and procedures for measuring thermal impedance, in accordance with EIA/JESD51.	With Still Air (0 m/s)	12.00	°C/W
			With Air Flow (1 m/s)	10.57	°C/W
			With Air Flow (3 m/s)	9.09	°C/W
Θ_{JB}	Thermal resistance (junction to board)			3.03	°C/W
Θ_{JC}	Thermal resistance (junction to case)			0.029	°C/W

图 4-10　FCBGA 封装芯片热阻设置

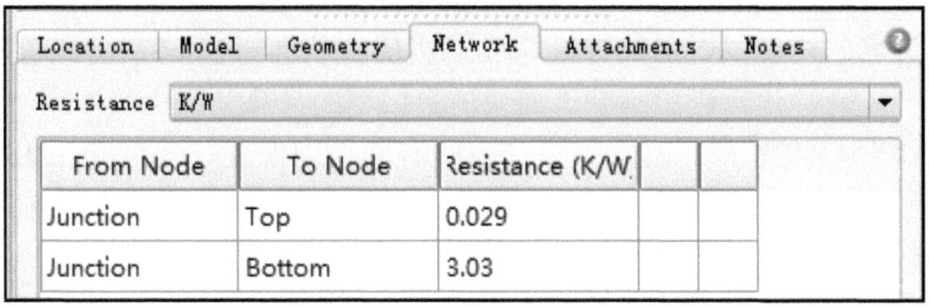

Location　Model　Geometry　Network　Attachments　Notes

Resistance　K/W

From Node	To Node	Resistance (K/W		
Junction	Top	0.029		
Junction	Bottom	3.03		

图 4-11　仿真模型中封装元器件的热阻设置

在完成封装元器件的热阻设置之后，还需要对元器件的热功耗进行设置，如图 4-12 所示。

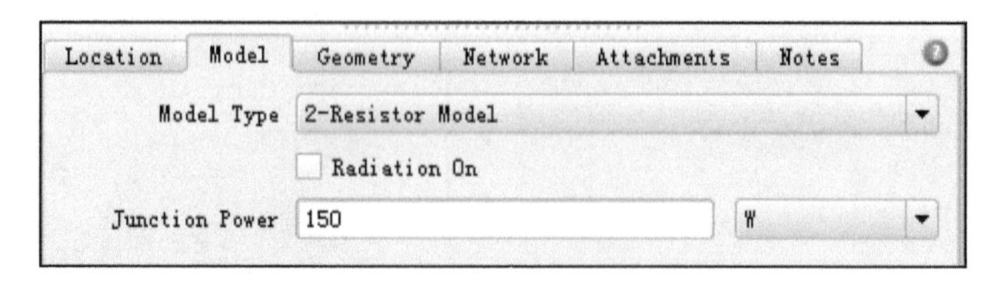

图 4-12　仿真模型中封装元器件的热功耗设置

热仿真建模的最后一步是环境条件的设置，也称为边界条件设置，如图 4-13 所示。另外，也在此界面中也定义了流体的流态，重力方向等参数。至此，路由器的热仿真模型建立完成。

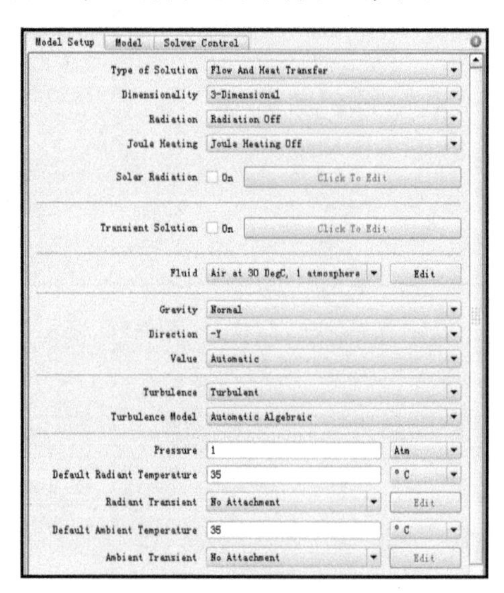

图 4-13　环境条件的参数设置

热仿真网格划分的目标是采用合理的网格数量将仿真模型和物理量场捕捉出来。良好的网格划分不仅可以保证求解计算的收敛，也有助于提高求解计算效率。网格作为热仿真模型的最小计算单元，在一些温度、速度和压力变化比较剧烈的区域需要更稠密的网格。如图 4-14 所示为仿真模型的切面网格示意图，其中 A 和 D 区域是风扇所在位置，其附近速度变化比较明显，比较稠密的网格可以将这些区域的速度变化准确捕获。B 和 C 区域是插板的封装元器件和散热器所在区域，比较稠密的网格可以将这些区域的温度变化准确地捕获。

求解计算的过程主要由计算机完成，热仿真软件对于 CPU 的线程和内存有一定要求，强劲的计算资源有助于加快仿真模型的计算。

如图 4-15（左）所示为仿真模型中所有网格内温度、速度和压力值的迭代计算误差。由于速度是矢量，具有方向性，所以如图 4-15（左）中显示有 5 条曲线，迭代求解初始阶段所有网格内误差较大，随着迭代进行，网格内的计算误差逐渐减小。图 4-15（右）所示为仿真模型中监控点温度值随迭代计算次数的变化曲线。监控点布置于网格之内，反映了网格内温度、速度和压力等参数随计算的变化。在迭代计算的初期，网格内的温度波动比较剧烈，随着计算的深入，网格内的温度趋于平稳。在 5 条残差曲线到达底部，以及监控点参数趋于平稳之后，称为迭代计算收敛。

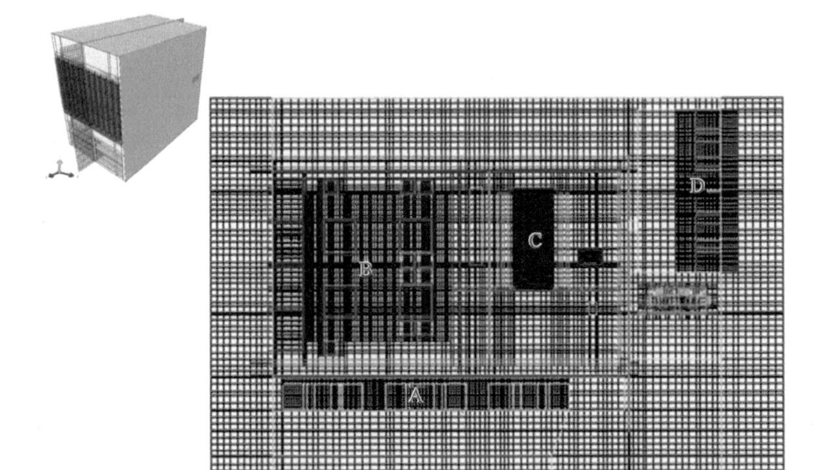

图 4-14　仿真模型切面网格示意图

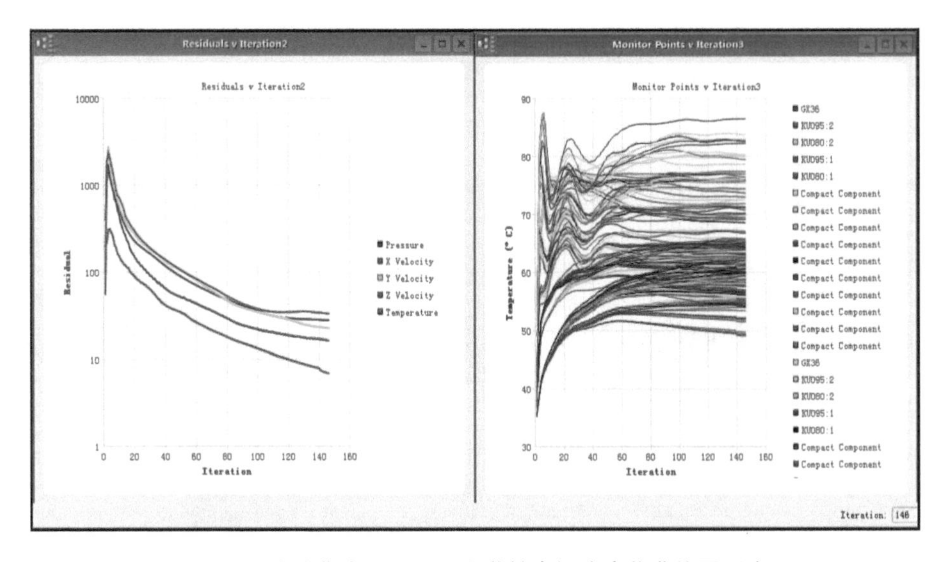

图 4-15　残差曲线图（左）和监控点温度变化曲线图（右）

通过热仿真软件的结果分析模块，可以用平面云图、表面云图、等值面云图、粒子流动迹线等为载体将温度、速度、压力等物理量呈现出来。如图 4-16 所示为插板的表面温度云图。由于空气流动由下向上，吸收热量之后的空气温度逐级升高，从而导致上方的光模块散热器温度明显高于下方。由此可见，光模块的热风险区域位于插板的右上角。

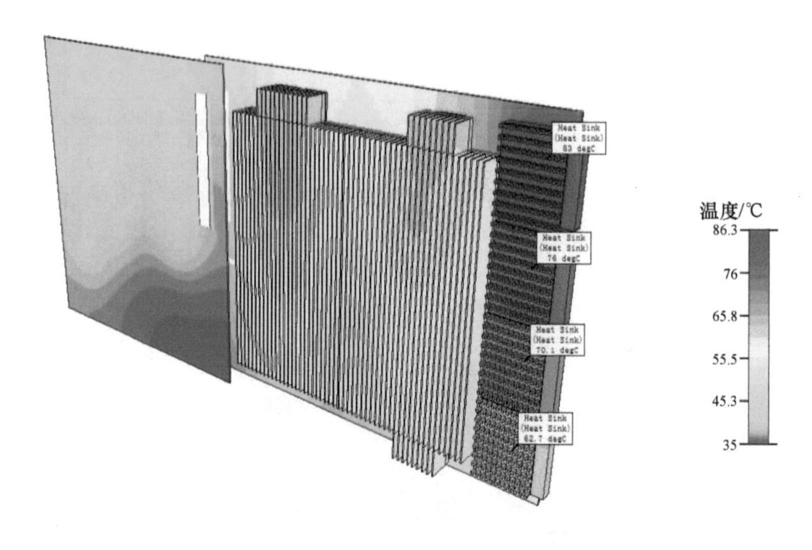

图 4-16 插板表面温度云图

图 4-17 所示为路由器内部流动迹线，迹线颜色标识了速度值，红色表示速度最高。由图中可见，底部风扇出风与散热器相对应，风扇的出风可以直接将散热器的热量带走。对于路由器这类强迫风冷冷却的产品，其内部气流路径设计非常重要。

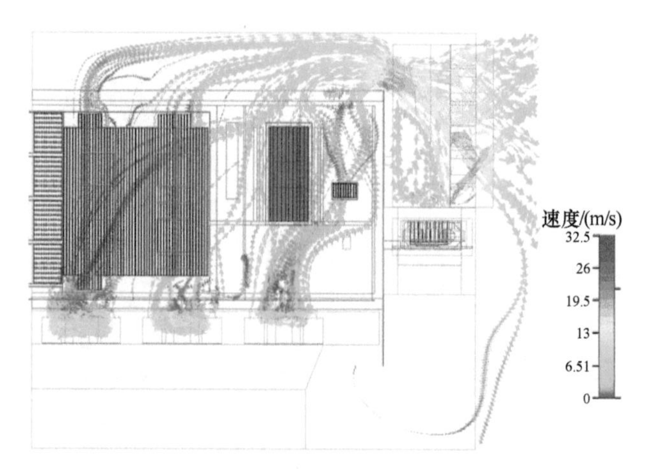

图 4-17 路由器内部流动迹线（颜色标识速度值）

图 4-18 所示为路由器内部速度切面云图，各插板槽位中的速度值相对比较均匀，无明显的漏风区域。对于出现气流不经过散热器或发热元器件的现象，可以通过添加挡板来优化设计。

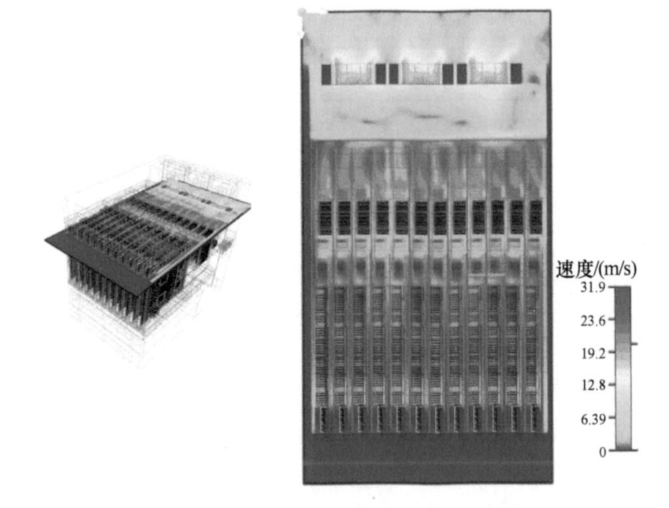

图 4-18　路由器内部速度切面云图

第5章 热测试基础

电子产品的整个研发过程中，需要不断地进行产品的热测试工作。电子产品的研发阶段不同，热测试的目的也有所差异。热测试工作大体可以分为初步方案测试、优化方案测试和产品验证测试。初步方案测试是大致了解热设计初步方案的有效性，确定切实可行的热设计方案。优化方案测试是产品进入到详细设计阶段之后，通过测试对产品详细的热设计方案进行评估和优化。产品验证测试的主要目的是检验电子产品热设计的合理性与有效性，了解电子产品所能达到的热性能指标，即验证产品是否满足热设计验证判定标准。对于电子产品而言，热测试关注的主要物理量有温度、速度、压力和产品的流阻特性等。热测试过程中涉及的测试仪器有热电偶、数据采集仪、恒温恒湿箱、红外热像仪和风洞等。

5.1 热电偶

5.1.1 双剑合璧

《神雕侠侣》第十四回礼教大防，杨过和小龙女在一座大镇的酒楼中偶遇黄蓉和金轮法王交战。黄蓉势单力薄，无法与金轮法王持久抗衡。杨过和小龙女出手相助，使出全真剑法和玉女剑法双剑合璧，在酒楼中大战强敌金轮法王。

金轮法王收掌跃起，抓住轮子架开剑锋，杨过也乘机接回长剑，适才这一下当真是死里逃生，但当人危急之际心智特别灵敏，猛地里想起："我和姑姑二人同使玉女剑法，难以抵挡。但我使全真剑法，她使玉女剑法，却均化险为夷。难道心经的最后一章，竟是如此行使不成？"当下大叫："姑姑，'浪迹天涯'！"说着斜剑刺出。小龙女未及多想，依言使出心经中所载的"浪迹天涯"，挥剑直劈。两招名称相同，招式却是大异，一招是全真剑法的厉害剑招，一招是玉女剑法的险恶家数，双剑合璧，威力立时大得惊人。金轮法王无法齐挡双剑击刺，向后急退，"嗤嗤"两声，身上两剑齐中。亏得他闪避得宜，剑锋从两肋掠过，只划破了他衣服，但已吓出了一身冷汗。

图5-1　双剑合璧剧照

金庸小说中的双剑合璧甚为神奇且威力巨大，在热设计工程师的热试验室里面也有着一件神奇的"双剑合璧"——热电偶。

5.1.2 热电偶的原理和分类

热电偶是温度测量中应用最广泛的温度传感元件之一。它是将两种不同材质的金属导体进行焊接，使其产生闭合回路。其原理如图5-2所示，金属A和B

右侧熔接在一起，当左右两端有温差存在时，会在闭合回路内产生电流。金属 A 和 B 左侧两端的电压可以通过万用表测量得到。根据所采用金属 A 和 B 的材质，以及测量得到的电压值，可以推算得到左右两侧的温度差。

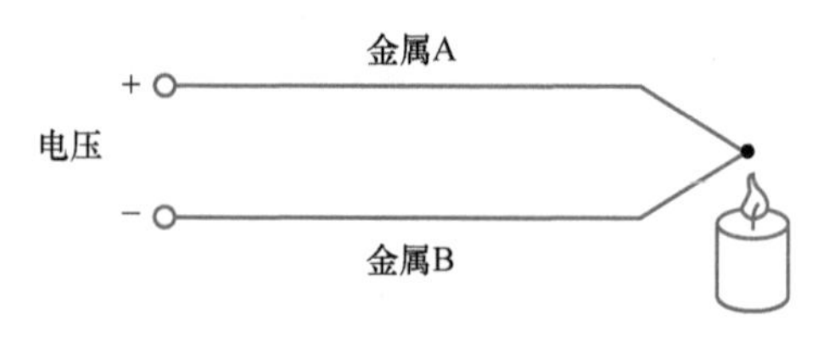

图 5-2　热电偶的原理

热电偶最为重要的一个方面就是需要两种不同的金属形成回路。国际电工委员会（IEC）推荐的标准化热电偶有 8 种。根据组合金属的不同，有不同的分度号，见表 5-1。

表 5-1　常用热电偶分度号

热电偶分度号	材　料		测量范围/℃
	正　极	负　极	
B	铂铑 30	铂铑 6	200 ~ 1800
R	铂铑 13	铂	-40 ~ 1600
S	铂铑 10	铂	-40 ~ 1600
K	镍铬	镍硅（铝）	-270 ~ 1300
N	镍铬硅	镍硅	-270 ~ 1260
E	镍铬	康铜	-270 ~ 1000
J	铁	康铜	-40 ~ 760
T	铜	康铜	-270 ~ 350

电子产品工作的环境温度通常低于 200℃，基于测温精度的考量，T 型热电偶在电子产品测温方面应用比较广泛。此外，J 型和 K 型在电子产品温度测量方面也有一定的应用。除了热电偶的分度号选择比较重要之外，热电偶线的直径也会影响到测试结果。电子产品所用的热电偶的直径一般在 0.5mm 或 1mm 左右。热电偶线直径太粗会对电子产品的散热产生影响。

5.1.3　电子产品中的热电偶测温

由于热电偶的作用只是温度传感器，在实际电子产品的温度测量过程中，还需要一些其他的设备和材料来配合。热电偶线（见图 5-3）就是其中的一种，其最常见的包装是 300m 长的卷材形式。可以根据实际需要裁切为所需长度。

由于两种不同金属的热电偶线必须形成回路，所以需要将两种不同金属焊接在一起，那么就需要点焊机。如图 5-4 所示为一款比较常见的热电偶线点焊机，其原理是利用大电流穿过小积点时的局部热效应而达到熔化热电偶线的效果。熔接在一起的热偶线端部一定要确保“珠圆玉润”，如图 5-5 所示。

图 5-3　卷材包装热电偶线

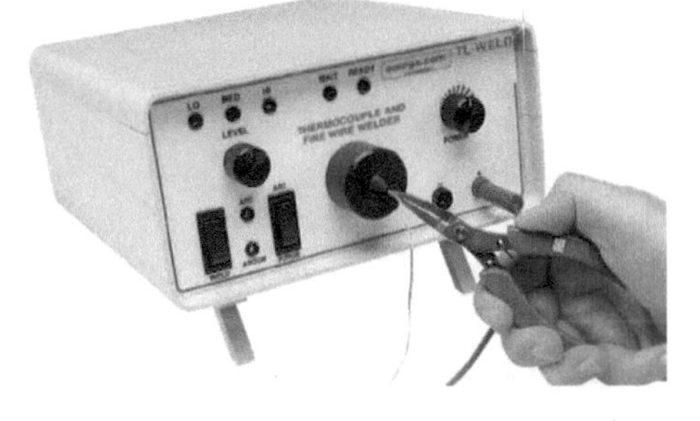

图 5-4　热电偶线点焊机

热电偶与被测物体的连接直接关系到温度测量的准确度。如图 5-6 所示为常用的黏结胶水组合。胶水起到黏结作用，催化剂可以帮助到胶水快速固化。如果对于黏结不满意，可以采用解胶水进行处理。

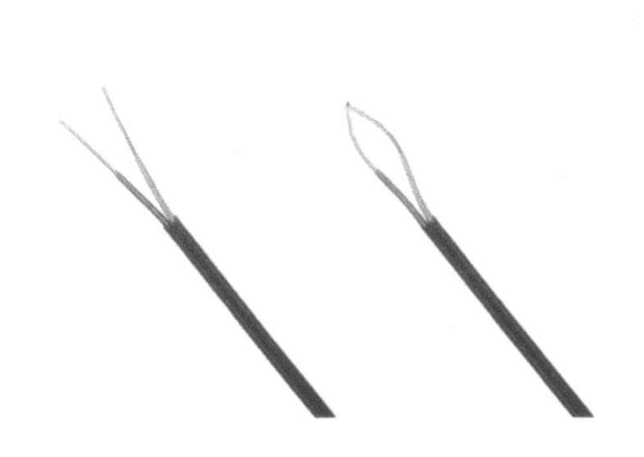

图 5-5　熔接前（左）和熔接后（右）的热电偶线

图 5-6　常用热电偶黏结胶水组合

热偶线的另一端固定于数据采集模块（见图 5-7），热偶线两端固定于红色线框区域，并且数据采集模块可以同时连接 20 组热电偶线。数据模块插入至数据采集仪（见图 5-8）后部，数据采集仪面板上可以直接显示热电偶连接的被测物温度。

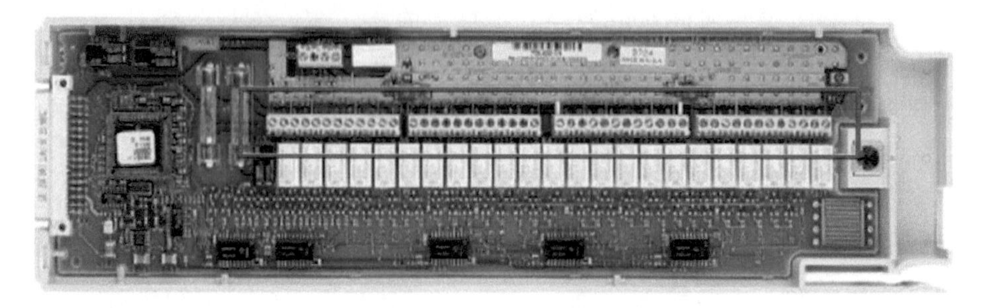

图 5-7　数据采集模块

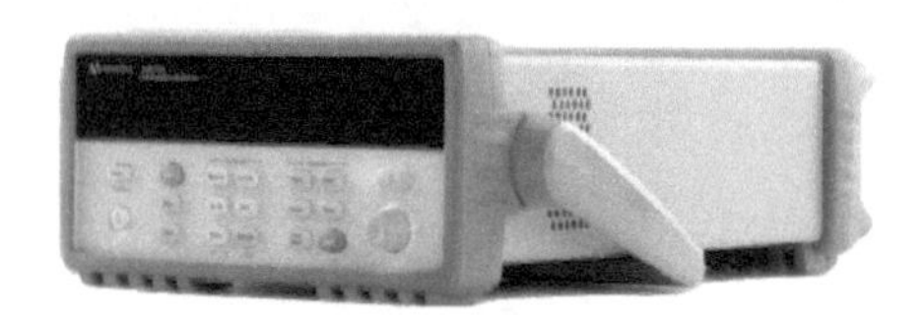

图 5-8　数据采集仪前部（左）和后部（右）

5.2　恒温恒湿箱

5.2.1　西夏皇宫中的冰窖

《天龙八部》第三十六回，李秋水出手重伤童姥，虚竹为救童姥逃脱李秋水的追杀，两人潜入西夏皇宫冰窖（见图 5-9）中藏身。

两道门一关上，仓库中黑漆一团，伸手不见五指，虚竹摸索着从左侧进去，越到里面，寒气越盛，左手伸将出去，碰到了一片又冷又硬、湿漉漉之物，显然是一大块坚冰。正奇怪间，童姥已晃亮火折，霎时之间，虚竹眼前出现了一片奇景，只见前后左右，都是一大块、一大块割切得方方正正的大冰块，火光闪烁照射在冰块之上，忽青忽蓝，甚是奇幻。童姥道："咱们到底下去。"她扶着冰块，右腿一跳一跳，当先而行，在冰块间转了

图 5-9　西夏皇宫的冰窖

几转，从屋角的一个大洞中走了下去。虚竹跟随其后，只见洞下是一列石阶，走完石阶，下面又是一大屋子的冰块。童姥道："这冰库多半还有一层。"果然第二层之下，又有一间大石室，也藏满了冰块。童姥吹熄火折，坐了下来，道："咱们深入地底第三层了……"虚竹叹道："奇怪，奇怪！"童姥道："奇怪什么？"虚竹道："这西夏国的皇宫，居然将这许多不值分文的冰块窖藏了起来，那有什么用？"童姥笑道："这冰块这时候不值分文，到了炎夏，那便珍贵得很了。你倒想想，盛暑之时，太阳犹似火蒸炭焙，人人汗出如浆，要是身边放上两块大冰，莲子绿豆汤或是薄荷百合汤中放上几粒冰珠，滋味如何？"虚竹这才恍然大悟，说道："妙极，妙极！"

在热设计工程师的热试验室中同样有着一台神奇的冰窖——恒温恒湿箱。由于电子产品的工作范围从 -40 ~ 70℃ 均有可能，且需要满足湿度的要求，所以在产品研发过程中需要将产品置于极限温度下进行验证。恒温恒湿箱就可以制造出极限的温度和湿度环境。

5.2.2　恒温恒湿箱的原理和分类

恒温恒湿箱（见图 5-10）也称为恒温恒湿试验箱、高低温箱、高低温试验箱等。其用途是创建不同温度和湿度的环境，例如高低温循环、高温高湿和低温低湿等，用以检测产品、材料等在不同环境下的性能和品质。其主要部件有箱体、制冷系统、加热系统、湿度系统、送风系统、控制系统组成。制冷系统可以使恒温恒湿箱内的温度低于环境温度，主要由压缩机、蒸发器和冷凝器等组成。当要求恒温恒湿箱内的温度高于环境温度时，加热系统进行工作。湿度是温度之外，另一个对产品或材料性能有影响的因素。恒温恒湿箱的湿度系统具备加湿和除湿的功能。送风系统一般由离心式风扇、送回风风道等构成，其作用是将处理后的气体送至箱体内部，并且均匀化后带走。控制系统是恒温恒湿箱的重要组成部分，一般多采用 PID 控制，控制系统根据布置在温箱的温度、湿度传感器反馈值，控制各系统的工作状态。

由于恒温恒湿箱的送风系统会在箱体内部形成非常明显的空气流动，而自然对流温箱可以创建与室内空气环境相类似的温度场和速度场，所以对于笔记本电脑、手机、LED 灯具等实际工作环境没有明显的风吹或空气流速的产品，适合置于自然对流温箱进行测试。

自然对流温箱的主要部件有箱体、加热系统、控制系统等组成，如图 5-11 所示。由于自然对流恒温箱没有制冷和湿度系统，所以其不具备创建低于环境温度和湿度控制的功能。其工作原理是控制系统根据温箱设定目标值和温箱内部温度反馈值，控制温箱底部大功率加热电阻的输入电流。加热电阻加热周围空气温度，使箱体内部空气温度升高。直至箱体内温度与设定值相一致。其控制方法一般采用 PID 控制，通过改变控制系统的 PID 值，改变箱体内空气的升温速率。

图 5-10　恒温恒湿箱

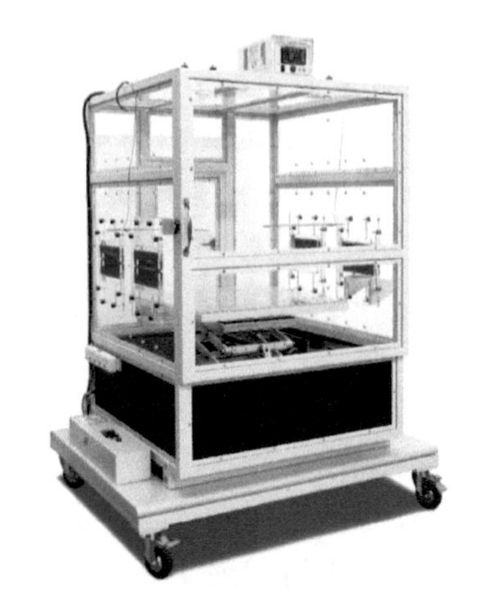

图 5-11　自然对流温箱

5.2.3　恒温恒湿箱的使用注意事项

首先，由于恒温恒湿箱工作时，内部有非常明显的气流流动与固定的方向，所以当被测试产品置于内部时，摆放的位置可能会影响温度测试结果。如图 5-12 所示为一台内腔体积为 1m^3 的恒温恒湿箱，工作温度范围为 -40 ~ 150℃，相对湿度为 10% ~90%。图 5-12 右图上方的红色线框所在区域为恒温恒湿箱的送风口，设定的目标温度空气由此进入至恒温恒湿箱内部。下方的红色线框所在区域为恒温恒湿箱的回风口。在恒温恒湿箱内部的气流主要流动路径是从箱体的后上部进入后下部，如图 5-12 右图中黄色箭头所示。

图 5-12　恒温恒湿箱外观（左）和内部（右）

被测试产品实际应用时的空气流动路径应与恒温恒湿箱内的气流流动路径相一致，如图 5-13 所示。此时，被测试产品吸入的空气流量要大于设计流量。当被测试产品的空气流动路径与恒温恒湿箱内的气流流动路径相逆（见图 5-14）时，被测试产品吸入的空气流量要小于设计流量。以上两种情况相差的空气流量可能会有 10%，从而会引起内部元器件温度的差异。为了避免恒温恒湿箱内气流流动路径对于被测试产品的影响，也可以采用如图 5-15 所示的摆放方式，使被测试产品的气流路径与恒温恒湿箱内的气流流动路径相垂直。

图 5-13　被测试产品的气流路径与恒温恒湿箱内的气流路径相一致

图 5-14　被测试产品的气流路径与恒温恒湿箱内的气流路径相逆

图 5-15　被测试产品的气流路径与恒温恒湿箱内的气流路径相垂直

其次，被测试产品尺寸与箱体内腔尺寸的大小关系，被测设备的进、出风口必须与内腔壁面存在一定的距离，一般建议不小于 200mm，以消除恒温恒湿箱对被测试产品进、出风的影响。

再次，被测产品的热功耗需要控制在恒温恒湿箱所允许的范围之内，否则有可能会出现恒温恒湿箱无法提供所需的恒定环境温度的情况。

5.3　红外热像仪

5.3.1　吸星大法

《笑傲江湖》第二十七回少林寺三战，各大门派为困居魔教任我行等人于少林寺十年，双方各派掌门高手进行三战两胜。其中第二战，任我行使用吸星大法力战左冷禅，不料被左冷禅毕其功于一役的内力封了穴位。吸星大法创自北宋年间的“逍遥派”，分为“北冥神功”与“化功大法”两路。后来从大理段氏及星宿派分别传落，合而为一，称为“吸星大法”。练就该武功之后，可以吸收对手的内功为己用。

图 5-16　吸星大法

左冷禅的手指在任我行的胸口微一停留，任我行立即全力运功，果然对方内力犹如河堤溃决，从自己“天池穴”中直涌进来。他心下大喜，加紧施为，吸取对方内力更快。突然之间，他身子一晃，一步步的慢慢退开，一言不发地瞪视着左冷禅，身子发颤，手足不动，便如是给人封了穴道一般。盈盈惊叫：“爹爹!”扑过去扶住，只觉他手上肌肤冰凉彻骨，转头道：“向叔叔!”向问天纵身上前，伸掌在任我行胸口推拿了几下。任我行“嘿”的一声，回过气来，脸色铁青，说道：“很好，这一着棋我倒没料到。咱们再来比比。”左冷禅缓缓摇了摇头……

在热设计工程师的热试验室里面也有着一台靠吸收电磁能量进行测试的设备——红外热像仪。

5.3.2　红外热像仪介绍

自然界中，只要物体的温度高于绝对零度（-273℃）就会向周围空间辐射电磁波。红外线是自然界中电磁波最广泛的一种存在形式，其波长在 0.76～1000μm 范围内，它是一种能量。由于红外线的强弱取决于物体表面的温度。基于此原理，红外热像仪通过一系列光学组件和光电处理技术，接收物体表面所发射的红外线辐射能量，之后通过一定的视频技术转换成人眼可以识别的温度云图，如图 5-17 所示。

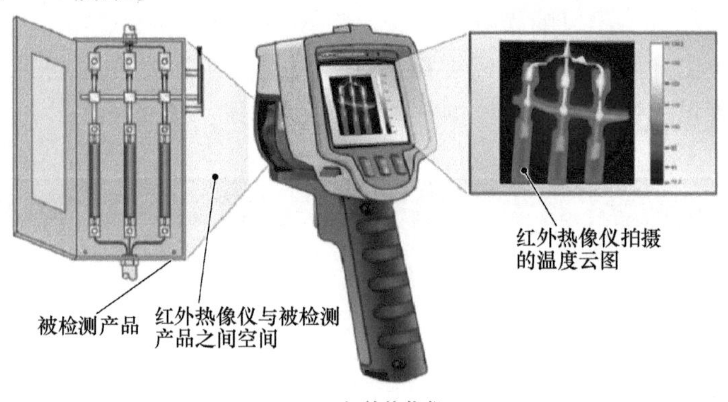

图 5-17　红外热像仪

红外热像仪具有便捷性、直观性、实时性等特点。由于是非接触式测量温度，所以使用非常便捷。此外，其不仅可有效保护使用者的安全，同时也不会影响被测物体的温度场。红外热像仪呈现的是物体表面的温度分布，可以直观地从整体上了解物体的温度状况，快速地确定热点所在区域。如果物体表面温度发生改变，其也可以实时捕捉到这些变化。如图 5-18 所示，红外热像仪主要部件有光学系统、红外探测器、信号处理器、软件系统和显示系统几个部分。

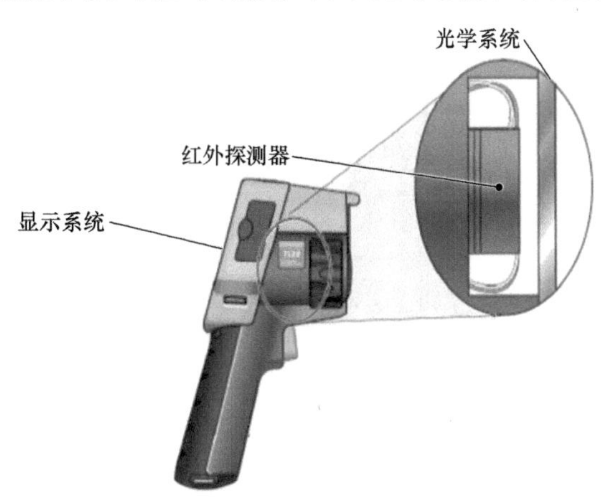

图 5-18　红外热像仪主要组成

红外热像仪的性能主要取决于红外分辨率、热灵敏度（NETD）、测温精度等。红外分辨率是红外热像仪探测器的分辨率，常用的规格有 160×120、240×180、320×240、384×288、640×480 等。分辨率越高，温度云图成像越清晰，观察效果就越好。热灵敏度（NETD）是指热像仪可以分辨出的最小温差，例如 <30mK@30℃。测温精度指典型红外热像仪测量变量误差二次方和的根值，常见的测温精度有绝对值 ±2℃ 或 ±2%。这些性能参数不仅仅决定了红外热像仪的探测性能，也影响到最终的成像效果，当然也关系到红外热像仪的价格。

5.3.3　红外热像仪的使用注意事项

1）聚焦。聚焦的原则就是被测物体的边缘清晰可见且轮廓分明。正确的对焦非常重要，其确保物体表面所发出的红外能量有效地被探测器感应。如图 5-19 所示为通信产品内部 PCB 的表面红外温度云图，其中图 5-19（左）未准确进行对焦，PCB 和散热器等边缘相对较为模糊，得到的 PCB 最高温度为 68.3℃。图 5-19（右）进行了准确对焦，PCB 以及其他元器件轮廓清晰可见，PCB 最高温度为 60℃。

2）发射率设置。为了更为精确测量物体表面温度，必须在红外热像仪中准确设置物体表面的发射率。如图 5-20 所示，一块 PCB 在红外热像仪不同表面发射率（图 5-20 左图的发射率为 0.9，右图的发射率为 0.5）设置下拍摄的表面温度云图。此外，高表面发射率的物体表面测量温度精度更高，当被测表面发射率低于 0.6 时，测量会比较困难。

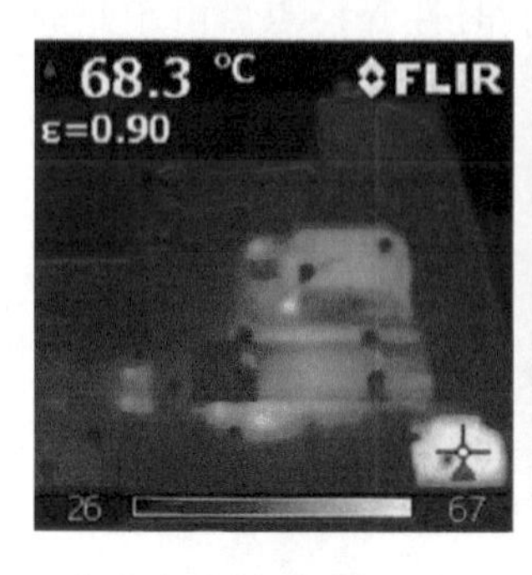

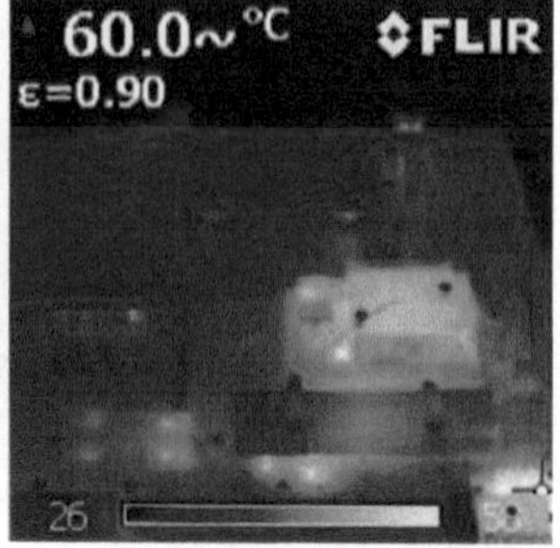

图 5-19　未准确对焦（左）和准确对焦（右）的 PCB 表面红外温度云图

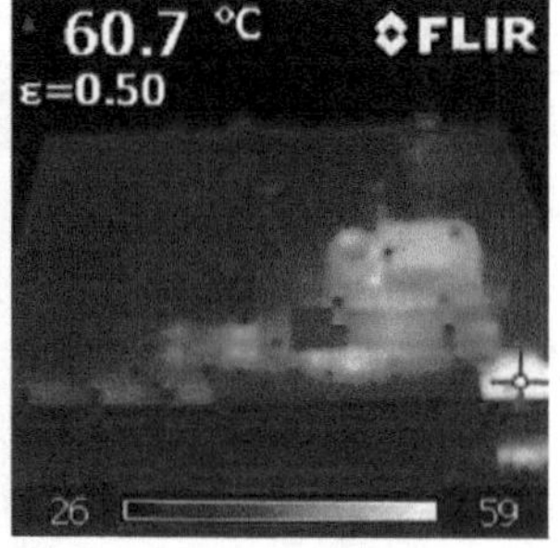

图 5-20　不同表面发射率设置的 PCB 表面温度云图

5.4　风　洞

5.4.1　九阳神功

《倚天屠龙记》第十六回剥极而复参九阳，张无忌一路被朱长龄追杀，不得已逃至无人山洞，后意外从白猿腹中获得绝世武功《九阳神功》秘籍。张无忌在学成九阳神功之后，不仅解了早年身受玄冥神掌的寒毒，也使后来力战六大门派成为可能。

张无忌洗去手上和油布上的血迹，打开包来看时，里面原来是四本薄薄的经书，只因油布包得紧密，虽长期藏在猿腹之中，书页仍然完好无损。书面上写着几个弯弯曲曲的文字，他一个也不识得，翻开来一看，四本书中尽是这些怪文，但每一行之间，却以蝇头小楷写满了中国文字。

他定一定神，从头细看，文中所记似是练气运功的诀窍，慢慢咏读下去，突然心头一震，见到三行背熟了的经文，正是太师傅和俞二伯所授的《武当九阳功》的文句，但有时与太师傅与俞二伯所传却又大有歧义。

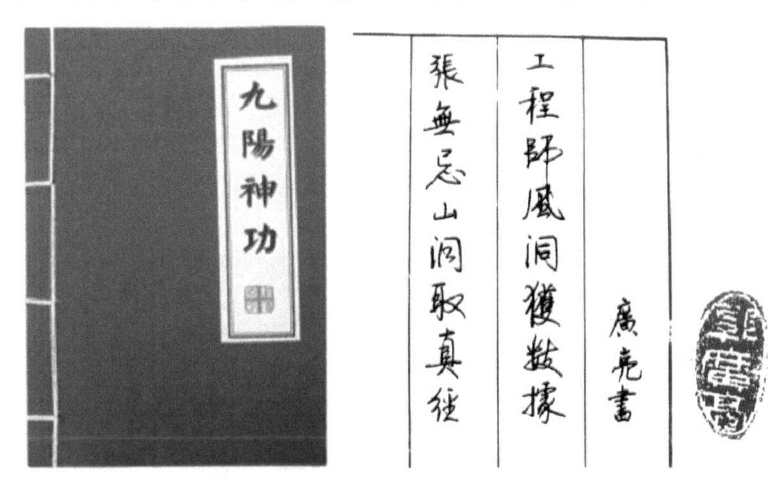

图 5-21　张无忌取《九阳神功》秘籍

在热设计工程师的热试验室里面也有着一台神奇的测试设备——风洞，它可以提供产品的系统流阻特性和风扇特性曲线等重要数据。

5.4.2　风洞的工作原理

风洞指的是风洞实验室，是以人工的方式产生并且控制气流，用来模拟实体周围气体的流动情况，并可量度气流对实体的作用效果以及观察物理现象的一种管道状实验设备。电子产品的风洞设计和规范可参考标准 Laboratory Methods of Testing Fans for Certified Aerodynamic Performance Rating。如图 5-22 所示为电子产品领域用于测量风扇的特性曲线和系统阻抗特性的风洞。

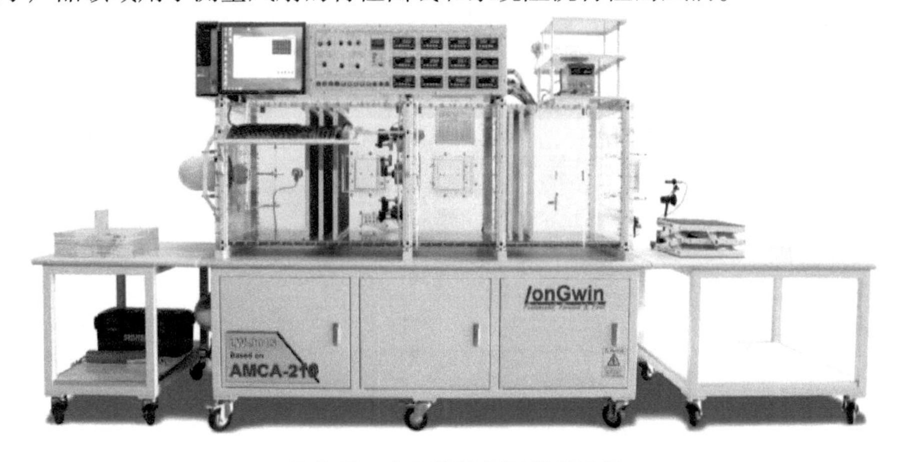

图 5-22　电子产品领域常用风洞

如图 5-23 所示为风扇特性曲线在风洞中的测试原理，风扇被置于风洞的入口处。其中 Ps7 测试了 PL7 腔体和环境的压力差，即被测风扇的进出口压力差。灰色虚线的处的格栅起到整流的作用，以得到准确的空气压力值。ΔP 是喷嘴两侧 PL5 和 PL6 腔体的压力差。为了保证测试的精度，有面积大小不同的多个喷嘴，以适应不同的风扇流量。通过式（5-1）和式（5-2）可计算风扇的流量 Q，即所有打开工作的喷嘴流量之和。

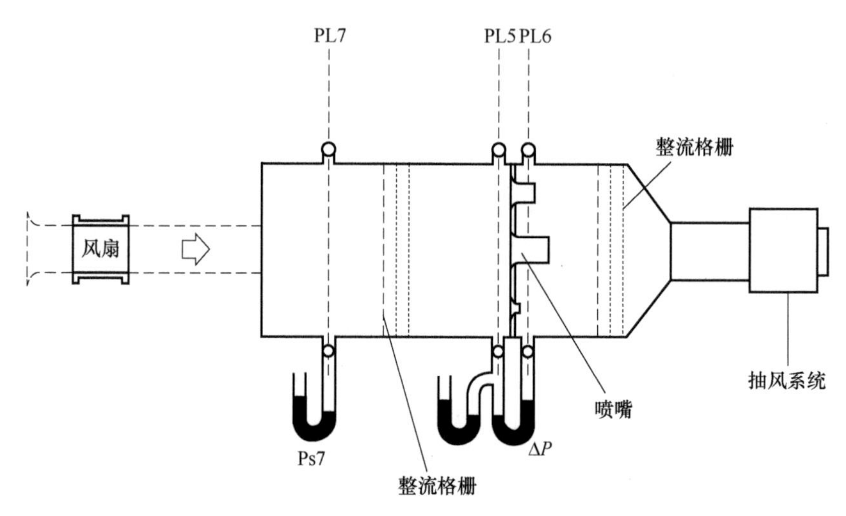

图 5-23　风洞测试风扇特性曲线的原理

$$\Delta P = \frac{1}{2}\zeta_i \rho v_i^2 \tag{5-1}$$

$$Q_i = v_i \times A_i \tag{5-2}$$

$$Q = \sum Q_i \tag{5-3}$$

式中，ΔP 为喷嘴两侧的压力差（Pa）；ρ 为空气密度（kg/m^3）；v_i 为 i 喷嘴的流速（m/s）；ζ_i 为 i 喷嘴的局部阻力系数；A_i 为 i 喷嘴的面积（m^2）；Q_i 为 i 喷嘴的流量（m^3/s）。

实际测试过程中，首先所有喷嘴都闭合，风扇起动旋转。此时，所测得到的 Ps7 为风扇的最大静压值 P_{max}。之后打开最小流通面积 A 的喷嘴，测量 Ps7 和 ΔP 的值，完成风扇特性曲线中的一部分。之后逐级打开不同流

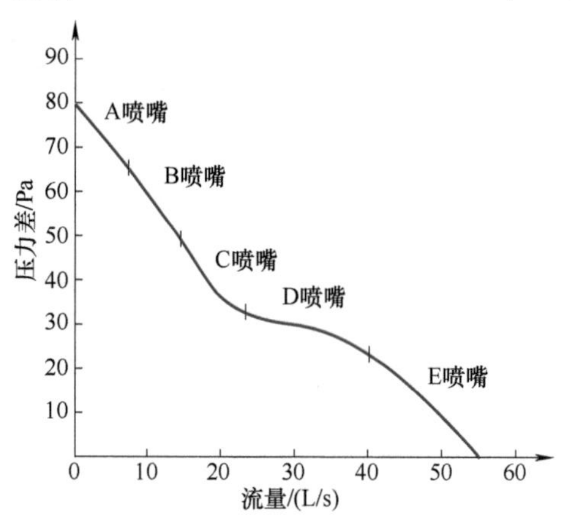

图 5-24　风扇特性曲线获取

通面积喷嘴，获得风扇特性曲线的其他部分，如图 5-24 所示。

由于在进行以上测试时，风扇位于风洞的入口处，风扇向风洞内吹风，所以测试所得为风扇吹风状态下的特性曲线。如图 5-25 所示，当风扇置于风洞的出口处时，可以测量得到风扇的抽风状态下的特性曲线。

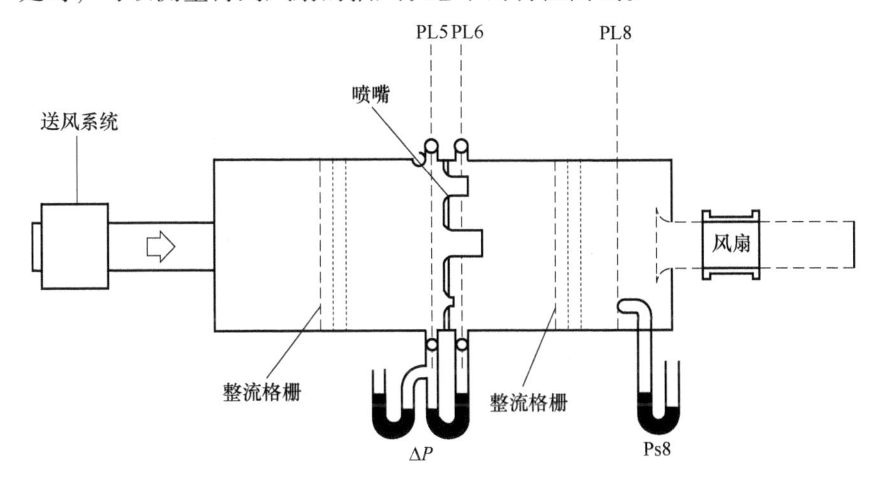

图 5-25 风扇的抽风状态下的特性曲线

如图 5-26 所示为系统阻抗特性的测试方式，电子产品置于风洞的入口处。首先是最小流通面积 A 的喷嘴打开，风洞出口处的抽风系统工作，使空气流过电子产品。此时可以获得电子产品系统流阻中的一部分，之后逐级打开不同流通面积喷嘴，获得系统流阻特性曲线的其他部分，如图 5-27 所示。

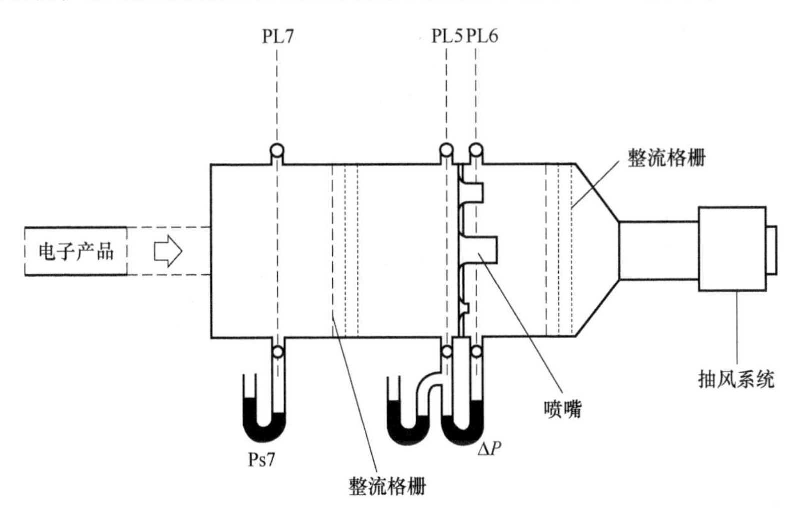

图 5-26 电子产品在风洞中系统阻抗特性的测试方式

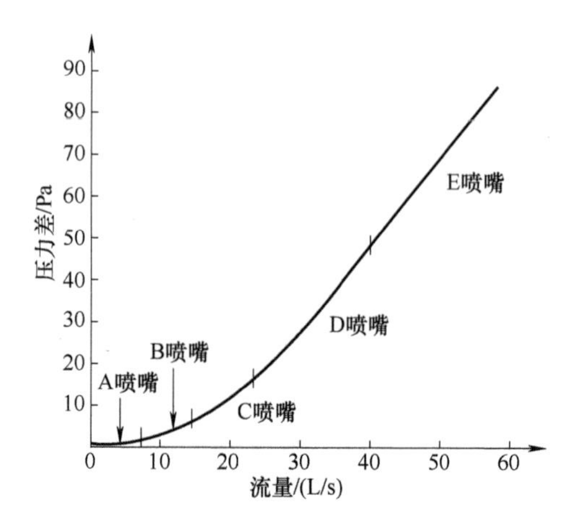

图 5-27 系统流阻特性曲线获取

5.4.3 风洞测试实例

本实例中测试 Delta AFB0624SH 和 PFB0624SHE 两款风扇的特性曲线，如图 5-28 所示。AFB0624SH 的额定电压和转速分别为 24V 和 6000r/min，外形体尺寸为 60mm × 60mm × 25mm。PFB0624SHE 的额定电压和转速分别为 24V 和 8000r/min，外形体尺寸为 60mm × 60mm × 38mm。测试采用的风洞品牌型号为 Longwin 9185-800。如图 5-29 所示将风扇安装于测试风洞之上。

图 5-28 Delta AFB0624SH 和 PFB0624SHE 风扇

图 5-29 测试风扇安装于风洞

如图 5-30 所示为 Delta PFB0624SHE 的风洞测试和风扇规格书中的特性曲线对比。其中风洞测试结果要好于风扇规格书中的特性曲线。由于风扇生产工艺和加工过程的原因，即便是同一生产批次的风扇，也会存在有一定性能差异。Delta PFB0624SHE 规格书中注明了额定转速有±10% 的变化，如图 5-31 所示。所以，实际风扇的特性曲线与规格书中有一定差异也属于正常现象。

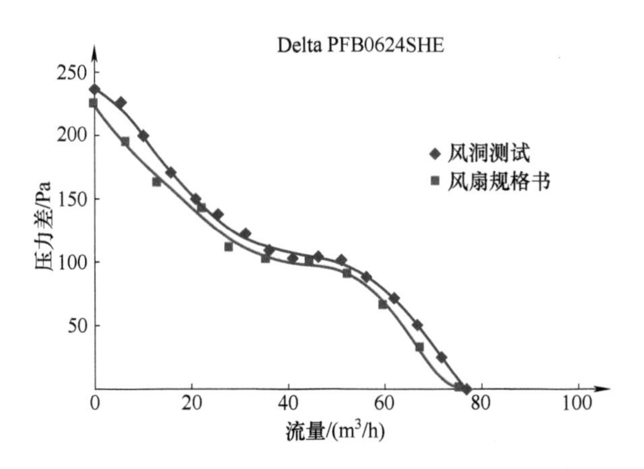

图 5-30　Delta PFB0624SHE 特性曲线

ITEM	DESCRIPTION
RATED VOLTAGE	24 VDC
OPERATION VOLTAGE	14.0~26.4 VDC
INPUT CURRENT	0.28(MAX. 0.36)A
INPUT POWER	6.72(MAX. 8.64)W
SPEED	8000 R.P.M. ±10%

图 5-31　Delta PFB0624SHE 规格书中的额定转速

如图 5-32 所示为 Delta AFB0624SH 的风洞测试和风扇规格书中的特性曲线对比。其中风洞测试数据的中间区域存在明显的波动，甚至出现一个压差值对应两个不同流量的情况。风扇特性曲线的这段区域也成为“马鞍区”或“不稳定工作区”，一般不建议风扇工作点落在这一区域。通常风扇供应商会对这一区域进行修正，尽量保证风扇特性曲线的单调性。

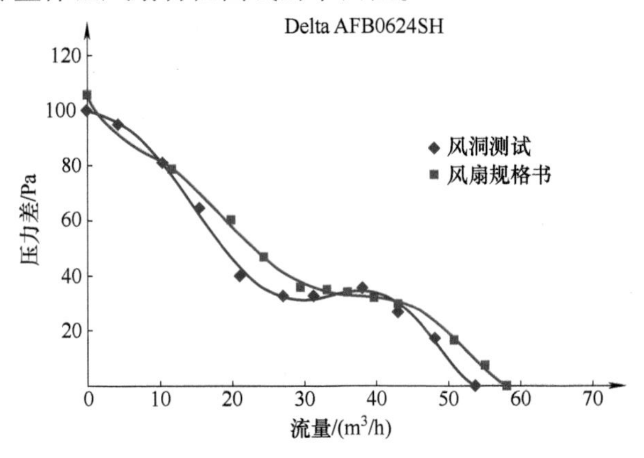

图 5-32　Delta AFB0624SH 的风洞测试和风扇规格书中的特性曲线

第6章 消费电子产品的热设计

消费电子产品是指围绕着消费者应用而设计的与生活、工作、娱乐息息相关的电子产品。随着互联网技术的发展、消费电子产品制造水平的提高、居民收入水平的增加，促使消费电子产品与互联网相融合逐步成为趋势，使用消费电子产品逐步成为居民日常生活的一部分。其中手机、数码产品、家用电器及其附属产品是消费电子市场中增长最快的产品，平板电脑、笔记本电脑等产品也迅速走向成熟，智能穿戴设备的出现与发展则标志着消费电子产品智能化达到了新的高度。

消费电子产品具有更新迭代快速、便携式、人体可接触和低噪声等特点。由于消费电子产品更新迭代快速，很多产品从研发到上市不足一年，需要在非常短的时间内完成产品的热设计工作。此外，便携式产品的特点意味着产品体积和重量有着严格要求，相应产品的体积功率密度较高，热设计的挑战也更大。很大部分的消费电子产品与人体有接触，当产品表面温度在40℃时，就会引起人体的不舒适，所以产品表面的温度控制也是热设计的重要内容。噪声会对人体的听力、神经和心血管系统等产生影响，所以低噪声或者无噪声也是消费电子产品的一大特点，作为强化散热的风扇在消费电子产品中的应用也非常谨慎。基于消费电子产品所具有的以上几个特点，使其所面临着巨大的热设计挑战。

6.1 智能手机

6.1.1 智能手机介绍

Alexander Mahone 是美国电视剧《越狱（Prison Break）》中的重要角色，由 William Fichtner 饰演。Mahone 于第二季第一集开始出现，为美国联邦调查局 FBI 的探员，有 14 年专门追捕监狱逃犯的经历。他识破了 Michael 文身的秘密，当主角 Michael Scofield（Wentworth Miller 饰）成功带领福斯河监狱（Fox River State Penitentiary）8 名囚犯逃狱后，Mahone 获得任务追捕他们。Mahone 成功抓捕当中 4 人，但他自己却在巴拿马被捕，并在第二季大结局进入 SONA 监狱。

图 6-1 《越狱》的 Mahone 剧照

Mahone 的经典剧照就是拿着那台摩托罗拉 RAZR V3 的手机通话。2004 年 9 月，摩托罗拉发布了旗下全新翻盖手机 RAZR V3。刀锋系列横空出世，摩托罗拉 RAZR V3 最吸引人的地方莫过于它的机身设计，整机采用航空级铝合金打造的超薄精锐机身，机身最薄处仅为 13.9mm。如果说当年摩托罗拉通过 RAZR 系列重新定义了翻盖手机，那么 2000 年正式发售的 ACCOMPLIA 6188 则开启了智能手机的大门。

图 6-2 智能手机

智能手机（见图6-2）是指像个人计算机一样，具有独立的操作系统，独立的运行空间，可以由用户自行安装软件、游戏、导航等第三方服务商提供的程序，并可以通过移动通信网络来实现无线网络接入的手机类型的总称。无线接入互联网、PDA 属性、性能卓越、人性化、功能强大等都是智能手机的属性标签。

智能手机的热设计主要工作是在满足所期望的性能和热功耗下，外部壳体表面和内部元器件结点温度满足设计要求。

元器件结点温度过高会影响到元器件可靠性，甚至缩短智能手机的使用寿命。此外，过高的元器件结点温度也会降低手机的工作性能。例如，高通骁龙845芯片的最高允许结点温度为85℃。

智能手机由于会长时间的握持使用，过高的壳体表面温度会产生不良的用户体验，需要想尽一切办法来降低壳体表面温度。智能手机的热设计会参考标准IEC60950的可接触温度限值，如图6-3所示。标准IEC60950中规定的限值不是特别严苛，各大手机厂商和运营商会确定更为严苛的表面温度限值。例如，中国移动要求某些智能手机在一定应用场景下，环境温度为25℃时，表面最高温度需要低于45℃。为了寻求良好用户体验和手机工作性能之前的平衡，部分厂商将智能手机外壳表面划分成不同区域。由于在智能手机使用过程中，人手、人脸和人耳均会接触到智能手机外壳表面，其中人耳的温度敏感性最高，人手的温度敏感性相对较低。所以，有些手机厂商会将手机上方1/3定义为人耳接触区域，下方2/3定义为人脸接触区域，在不同区域定义不同的最大允许温度，如图6-4所示。

Table 4C–Touch temperature limits

Parts In OPERATOR ACCESS AREAS	Maximum temperature(T_{max}) °C		
	Metal	Glass, porcelain and vitreous material	Plastic and rubber[b]
Handles, knobs, grips, etc., held or touched for short periods only	80	70	85
Handles, knobs, grips, etc., continuously held in normal use	55	65	75
External surfaces of equipment that may be touched[a]	70	80	95
Parts inside the equipment that may be touched[c]	70	80	95

[a] Temperatures up to 100°C are permitted on the following parts:
- areas on the external surface of equipment that have no dimension exceeding 50mm, and that are not likely to be touched in normal use; and
- a part of equipment requiring heat for the intended function(for example, a document laminator), provided that this condition is obvious to the USER. A warning shall be marked on the equipment in a prominent position adjacent to the hot part.
  The warning shall be either
  - the symbol(IEC 60417–5041(DB:2002–10)): 
  - or the following or similar wording

WARNING
HOT SURFACE
DO NOT TOUCH

[b] For each material, account shall be taken of the data for that material to determine the appropriate maximum temperature.

[c] Temperatures exceeding the limits are permitted provided that the following conditions are met:
- unintentional contact with such a part is unlikely;
- the part has a marking indicating that this part is hot. It is permitted to use the following symbol (IEC 60417–5041(DB:2002–10))to provide this information.

图6-3　IEC60950中规定的可接触温度限值

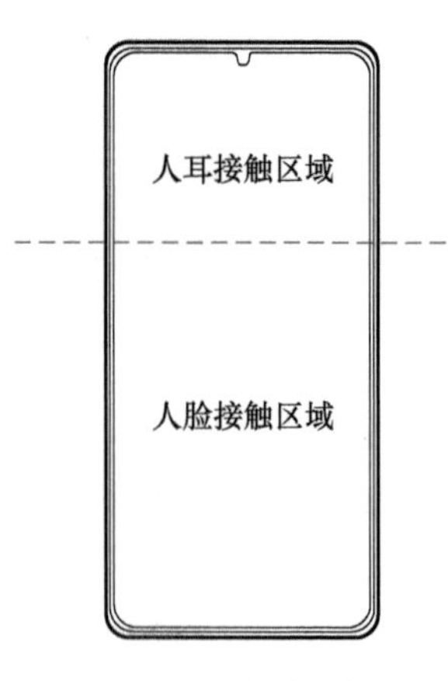

图6-4　智能手机外壳定义区域

智能手机的热功耗与应用场景有关，例如在待机充电、Wi-Fi在线看视频充电、打电话充电、照相开启闪光灯、游戏充电等不同使用场景下，内部元器件的工作负载有所不同，即元器件的热功耗有所差异。

6.1.2　智能手机热设计方案解析

6.1.2.1　小米10智能手机介绍

小米10是小米公司旗下的第一部5G智能手机，是一部“为了梦想打造的高端旗舰手机”，也是小米十年集大成之作，于2020年2月13日在国内正式发布。如图6-5所示，小米10采用左上角挖孔曲面屏设计，长度为162.6mm，宽度为74.8mm，厚度为8.96mm，重量为208g。其搭载高通骁龙865处理器，后置1亿像素AI四摄像头，搭载4780mA·h电池，支持30W有线快充。

小米10建议的使用环境温度为0～35℃，当环境温度过高或过低时，可能会引起性能降低。如图6-6所示为小米10的主要结构示意图，从上至下分别为显示屏、VC均温板和中框、主板、四摄模组、小板、电池、NFC线圈、无线充电模块和后盖。

图6-5　小米10 5G智能手机外观

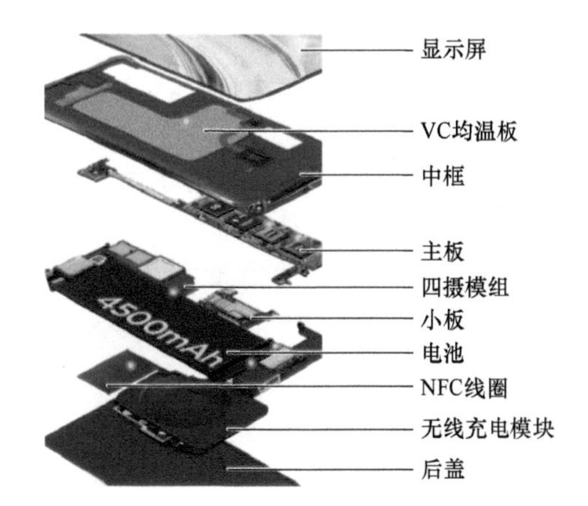

图6-6　小米10主要结构示意图

6.1.2.2　小米10智能手机重要部件

小米10采用了双层主板的堆叠设计，如图6-7（左）所示为去除芯片屏蔽罩之后的主板正面（靠近显示屏一侧），最上方是大名鼎鼎的高通骁龙865处理器，然后依次分别为X55 5G基带芯片、UFS 3.0内存和SDR 865射频芯片。如图6-7（右）所示为去除芯片屏蔽罩之后的主板底面，在主板的底面主要有高通QCA6391 WIFI 6芯片、电源管理芯片、WCD9389音频解码芯片、QDM2340射频前端芯片。

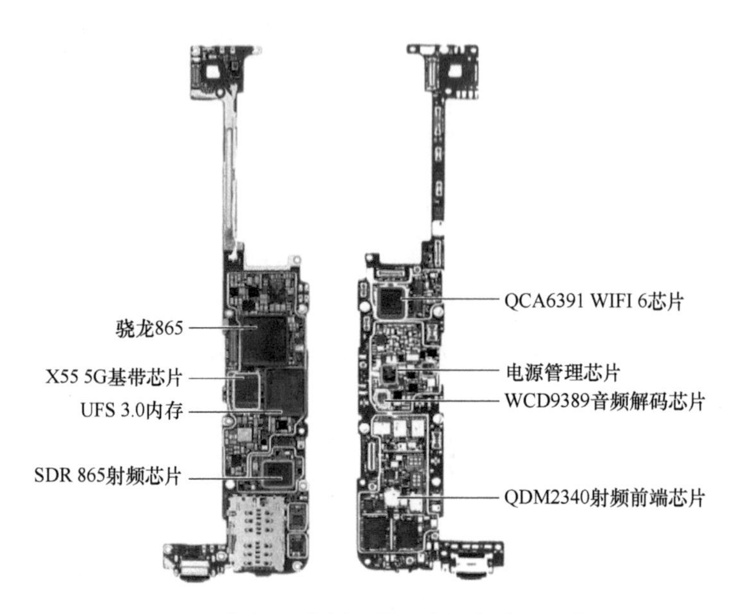

图 6-7　小米 10 主板正面（左）和底面（右）

在主板下方是堆叠的一块小板，如图 6-8 所示为去除芯片屏蔽罩之后的小板底面（靠近后盖侧），其主要芯片有 NFC 芯片（NXP SN 100T）、无线充电芯片、无线充电 2∶1 降压芯片、屏幕驱动芯片等。

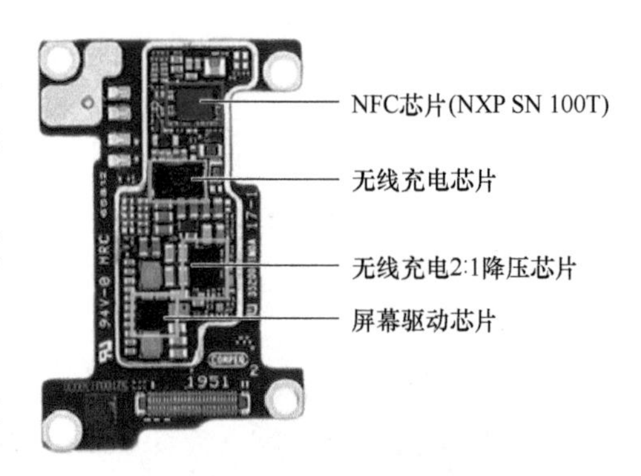

图 6-8　小板底面

小米 10 采用了四摄像头模组，搭载 1 亿像素定制大底镜头，四摄像头模组分别为 13MP 超广角镜头、2MP 微距镜头、108MP 主摄像头和 2MP 景深镜头，如图 6-9 所示。四摄像头模组正面靠近小米 10 后盖侧，摄像头在工作期间，其热功耗较高。

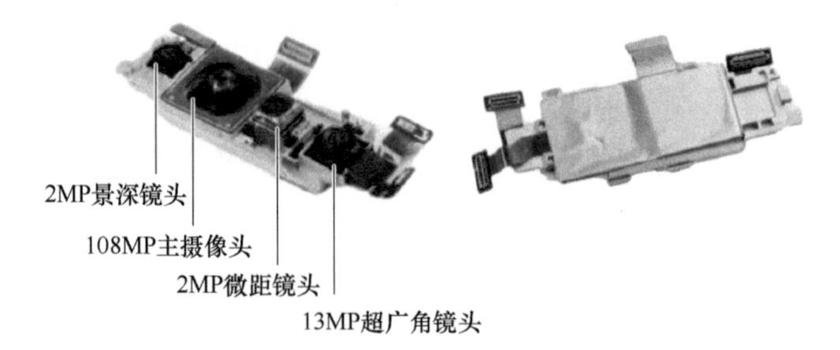

图 6-9　四摄像头模组正面（左）和底面（右）

6.1.2.3　小米 10 智能手机热设计架构

小米 10 智能手机的热设计核心理念可以概括为“均温和高效热传导”。如图 6-10 所示为小米 10 揭掉后盖之后的内部结构图。在后壳内侧布置了大面积的石墨片，从而保证后壳温度的均匀性。同时，在 NFC 线圈和无线充电模块区域也布置了多层石墨片，在进行无线充电时，降低了模块区域的温度。

在翻拆 NFC 和无线充电模块之后，可以看到内部的 4500mA · h 电池和主板盖板。其中主板盖板的局部区域也覆盖有铜箔用以均温，如图 6-11 所示。

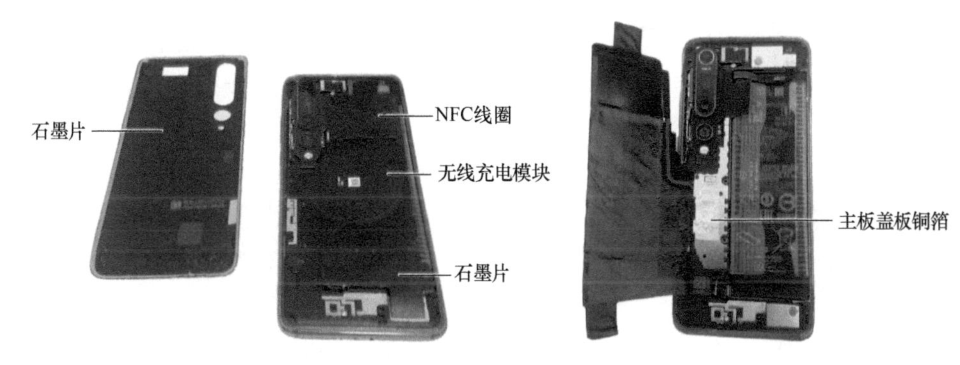

图 6-10　揭掉后盖的小米 10 内部结构　　图 6-11　主板盖板铜箔均温

如图 6-12 所示为去除镜头保护盖板和主板盖板之后的内部结构。小米 10 在主板区采用双层主板的设计，主板下方堆叠一块小板。主板盖板的铜箔所在位置正对小板，铜箔的主要作用是辅助小板的散热。镜头保护盖板的下方为石墨片，对应的是热功耗较高的主摄像头区域。

堆叠的小板底面（靠近后盖侧）覆盖有铜箔，正面涂覆有导热硅脂。主板元器件的屏蔽盖上方依次是铜箔和石墨片，并且通过导热硅脂与堆叠小板进行良好的热传导，如图 6-13 所示。

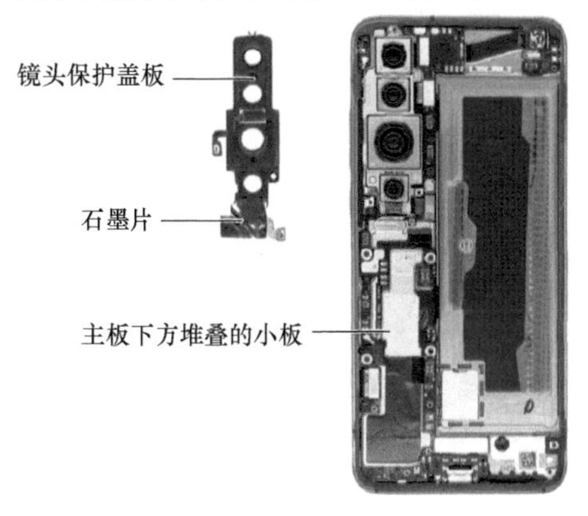

图 6-12　去除镜头保护盖板和主板盖板的小米 10 内部结构

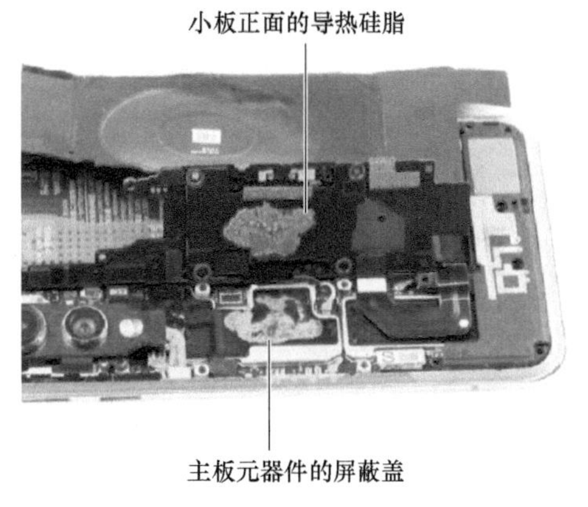

图 6-13　双层主板之间的热传导

主板正面和底面两侧均布置有高热功耗元器件。主板正面元器件屏蔽盖上采用了铜箔进行均温，在手机中框对应主板的区域采用 VC 均温板和导热凝胶，保证主板正面元器件的热功耗可以有效传递至 VC 均温板，如图 6-14a 所示。主板底面的元器件屏蔽盖上方采用了铜箔、石墨片和石墨烯导热垫进行散热和均温，如图 6-14b 所示。

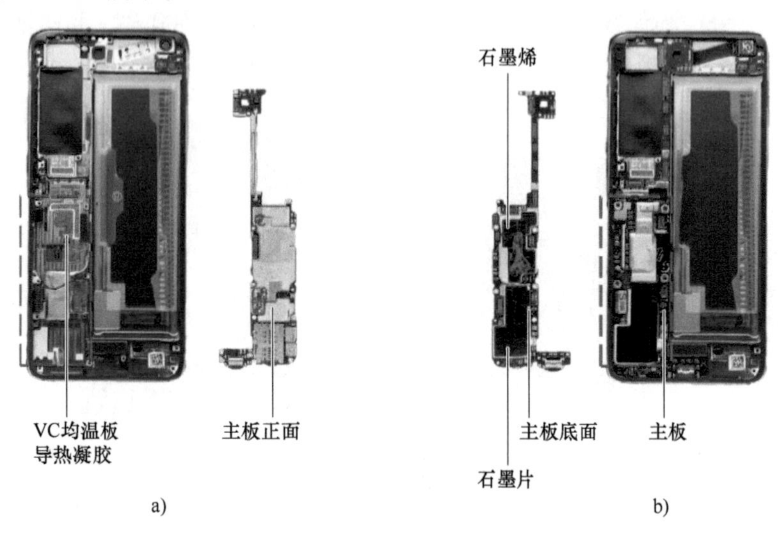

图 6-14　主板的散热结构

为了避免主板上芯片和电路的电磁场向外辐射引起干扰，在芯片上方会使用屏蔽盖。如图 6-15a 所示为主板正面屏蔽盖上贴附了铜箔，图 6-15b 为主板正面去掉铜箔之后的结构，图 6-15c 为骁龙 865 局部放大图。其中屏蔽盖与骁龙 865 顶面之间存在有一定的间隙。为了改善芯片与屏蔽盖之间的热传导，在这两者之间填充有导热凝胶，如图 6-16 所示。

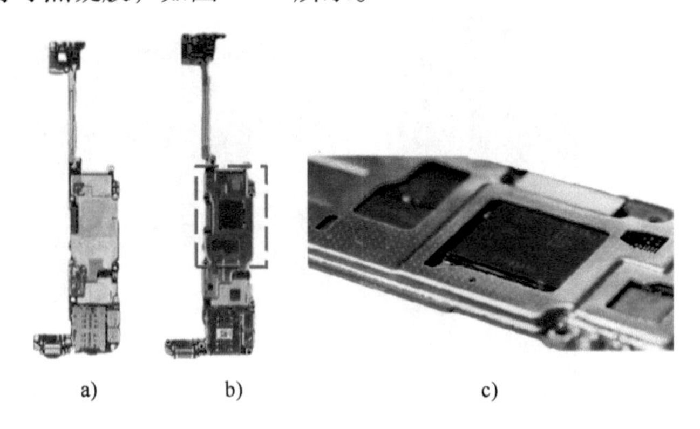

图 6-15　主板屏蔽盖

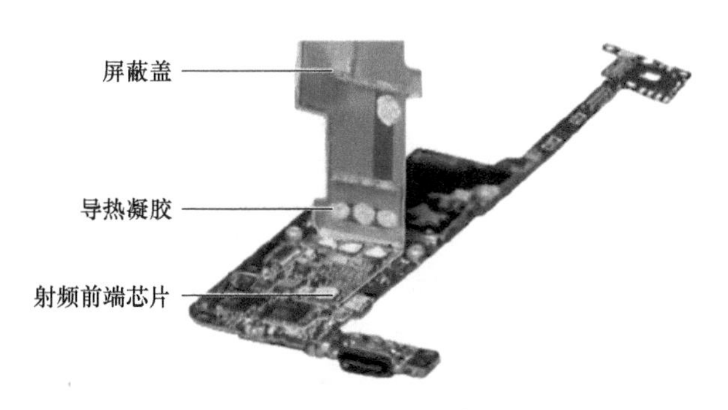

图 6-16　芯片与屏蔽盖之间填充导热凝胶

小米 10 的四摄像头模组位于手机的左上方，模组的底面采用了铜箔进行均温，如图 6-17 左所示。此外，在手机中框对应四摄像头模组的区域使用了大面积的铜箔和石墨片，确保四摄像头模组的热功耗传导至中框之后不会产生热点区域。

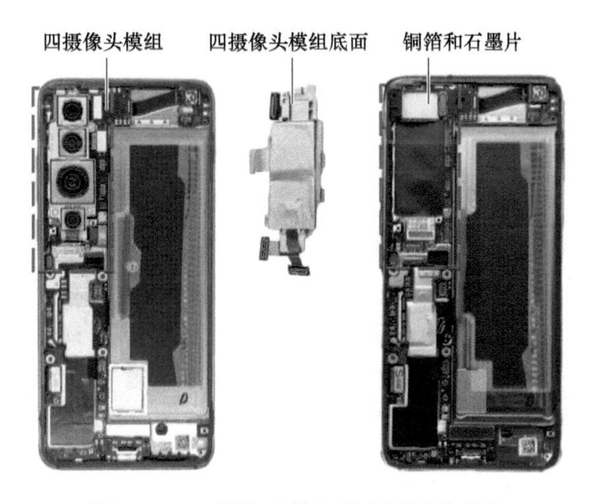

图 6-17　四摄像头模组的主要散热结构

如图 6-18 所示为小米 10 揭掉显示屏之后的内部结构图。在显示屏内侧布置了大面积的铜箔，从而保证显示屏表面温度的均匀性。同时，手机中框使用了大面积的 VC 均温板和石墨片，尽量使中框具有良好的散热性能和均温性能。

小米 10 几乎采用了所有主流的导热界面材料来构建整个散热系统，这些界面材料形成了两条由内至外顺畅的热流路径。如图 6-19 所示，位于主板正面的芯片 A 的热功耗通过热传导的方式经过导热凝胶、屏蔽盖、铜箔、导热凝胶、VC 均温板、铜箔至显示屏表面，最终通过自然对流或热辐射的方式进入环境

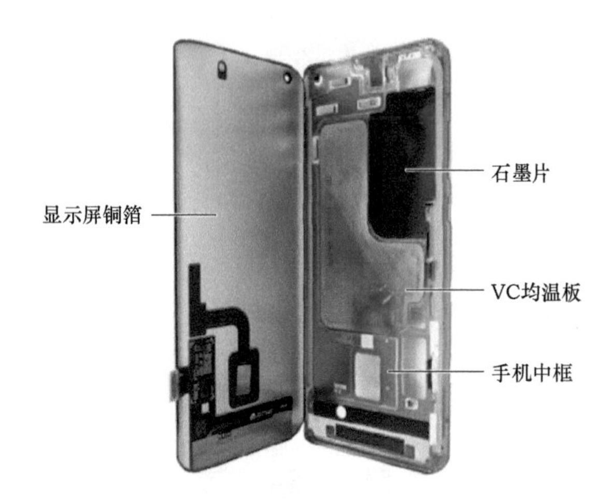

图 6-18　揭掉显示屏的小米 10 内部结构

中。同理，位于主板底面的芯片 B 的热功耗通过层层材料至后盖表面，最终通过自然对流或热辐射的方式进入环境中。小米 10 将内部高效热传导几乎做到了极致。

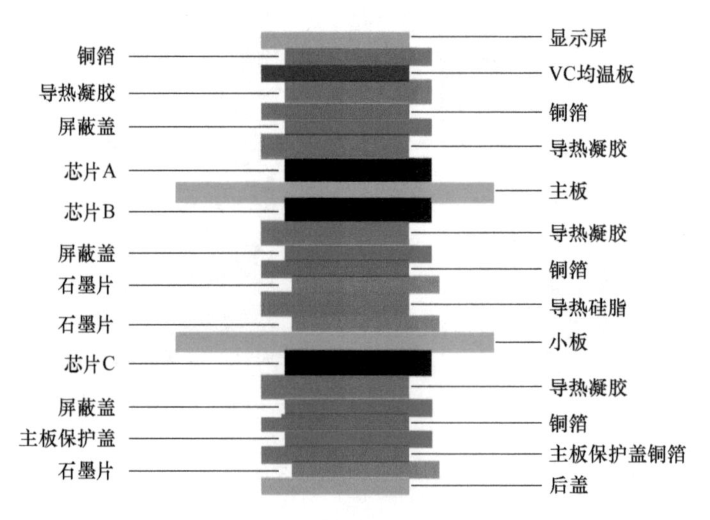

图 6-19　主板芯片热流路径

小米 10 内部布置了用于监控环境、相机、闪光、CPU、无线充电、5G 和 4G 芯片、电池、充电接口等实时温度的传感器，如图 6-20 所示。据悉，小米 10 采用了基于 AI 机器学习的温度控制策略，通过手机不同区域实时的温度数据，匹配最合适的 AI 温控模型，合理调配整机的温度控制策略，让手机的温控更加精准细腻。

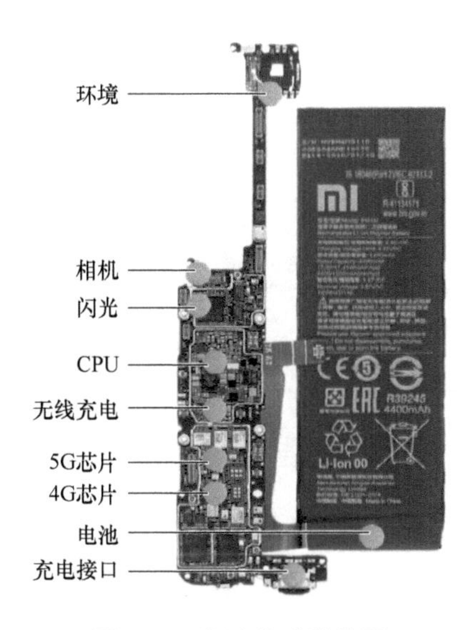

图 6-20　温度传感器位置

6.1.3 小结

小米 10 的热设计方案可以简单概括为“软硬兼施”。在小米 10 有限的空间内，VC 均温板、石墨片、铜箔、导热凝胶、导热硅脂和石墨烯导热垫齐上阵，充分保证了小米 10 的优良传热路径和均温性。内部重要元器件的热功耗，通过构建的热传导路径传递至外壳表面，最终主要以对流换热或热辐射的方式进入环境中。在软件控制方面，小米 10 在多达 20 多个应用场景下进行热测试，记录瞬时的温度变化响应，匹配最合适的 AI 温控模型，合理调配整机的温度控制策略，保证了内外部温度始终符合热设计要求。如果要对小米 10 的热设计做个评价，我想说三个字“You are OK！”

6.2 笔记本电脑㊀

6.2.1 笔记本电脑介绍

影片《史密斯夫妇》于 2005 年在全球公映，由布拉德 · 皮特和安吉莉娜 · 朱莉主演。片中有一个经典的镜头：布拉德 · 皮特用火箭筒对准了安吉莉娜 · 朱莉身处的一个棚子，火箭弹轰炸之后棚子被炸飞，但是放在棚子里的一款松下笔记本电脑（见图 6-21）居然完好无损，并且还控制着棚子周围的地雷引爆。

㊀ 现标准术语称为笔记本计算机，后同。

不知道这款笔记本电脑的可靠性是不是史上最强，但至少在设计层面肯定花了不少工夫。

图 6-21 《史密斯夫妇》剧照

笔记本电脑又称为便携式计算机或手提计算机，与传统台式计算机相比，其具有机身小巧和便于携带的特点。目前市场上的主流笔记本电脑，根据目标客户和产品定位差异，可以划分为游戏级、轻薄级和商务级三大类。其中游戏级的显著特点是造型炫酷、追求产品的高性能，目标客户为游戏发烧友，对应的产品单价稍高；消费级轻薄本作为市场主流产品，产品设计中追求便携性和时尚外观；商务级因目标客户多为工程技术人员或商务办公使用，产品设计时强调性能的稳定且可靠性高，而会为此牺牲一些时尚元素。表 6-1 为从市场中收集的三类笔记本电脑范例的产品规格参数，可以从中看出其设计规格差异。

表 6-1 不同类型笔记本电脑范例的产品规格参数

类型	屏幕尺寸/in	CPU 热功耗/W	GPU 热功耗/W	厚度/mm	重量/kg
游戏级	15.6、17	45	90	20 ~ 25	2.3
轻薄级	13、14、15	15	10、25	12.9 ~ 18	1 ~ 1.2
商务级	13、14	15	10、15	18 ~ 20	1.5

图 6-22 为一款笔记本电脑的结构一览，主要由外壳、主机板，液晶屏、处理器、内存、散热模组、硬盘驱动器（Hard Disk Drive)、光盘驱动器（Optical Disk Driver）等组成。随着技术的不断进步，传统的机械硬盘已经被更省电且具有更高数据传输速度的固态硬盘（SSD）替代；光盘驱动器已经不见了踪影；各种接口也变得越来越小且通用性越来越强。

高性能计算芯片会带来较高的热损耗，而产品越来越薄的市场需求，要求工程师在非常有限的空间内，将芯片的热量排出到系统外，从而确保产品可靠运行。这就对笔记本电脑的散热设计提出了需求。

笔记本电脑热设计工程师在设计时应考虑的设计目标有安全可靠运行、优良的用户体验、高效能和低成本。安全可靠运行主要指笔记本电脑内部电子元器件的温度满足设计要求，例如 Intel 型号 i7-4810MQ 的 CPU 芯片内部结点最高温度不允许超过 100℃。由于笔记本电脑作为一款人体与产品表面持续接触的产品，设计中要求其表面温度符合安全规定和人体工学要求。IEC 62368-1—2014 中就明确定义了不同材质和接触时长条件下的表面温度要求，如图 6-23 所示。例如，TS1 中注明了对于人体接触时间超过 1min 的金属面其温度不允许超过 48℃。人的体表温度只有 34℃，48℃的温度会感觉到烫手。

图 6-22　笔记本电脑的组成

9.2.6　Touch temperature levels

Table 38 – Touch temperature limits for accessible parts

	Accessible parts [a]	Maximum temperature (T_{max}) °C			
		Metal [f]	Glass, porcelain and vitreous material	Plastic and rubber	Wood
TS1	Handles, knobs, grips, etc., and external surfaces either held, touched or worn against the body in normal use (> 1 min) [b, c]	48	48	48	48
	Handles, knobs, grips, etc., and external surfaces held for short periods of time or touched occasionally (> 10 s and < 1 min) [c]	51	56	60	60
	Handle, knobs, grips etc., and external surfaces touched occasionally for very short periods (>1 s and < 10 s) [c]	60	71	77	107
	External surfaces that need not be touched to operate the equipment (<1 s) [c]	70 [d]	80 [d]	94 [d]	140
TS2	Handles, knobs, grips, etc., and external surfaces held in normal use (> 1 min) [c]	58	58	58	58
	Handles, knobs, grips, etc., and external surfaces held for short periods of time or touched occasionally (> 10 s and < 1 min) [d]	61	66	70	70
	Handle, knobs, grips etc., and external surfaces touched occasionally for very short periods (> 1 s and < 10 s) [d]	70	81	87	117
	External surfaces that need not be touched to operate the equipment (< 1 s) [d]	80 (100) [e]	90 (100) [e]	104	150
TS3	Higher than the TS2 limits				

图 6-23　IEC 62368-1—2014 中定义的表面温度限值

为了获得较好的用户体验，现今很多笔记本电脑厂商会根据人体所接触表面时间的长短，定义更为严格的不同表面温度要求。如图 6-24 所示，由于用户手部与笔记本电脑的枕手盖区域长时间接触，一般此区域表面温度仅允许比环境温度高 7～11℃。键盘区域属于间歇性与人体接触区域，一般此区域表面温度允许比环境温度高 17～23℃。由于笔记本电脑通常使用时是放置在桌面上的，机壳底面与人体接触不是持续接触，考量到设计的经济性和工程限制，此区域的温度可以参考 IEC 62368-1—2014 中规定的数值进行。

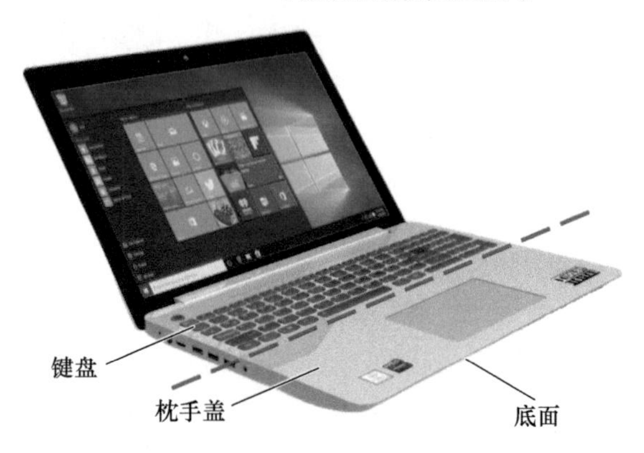

图 6-24　笔记本重要表面

笔记本电脑采用的冷却技术根据是否存在流体驱动设备，分为有被动式散热技术（自然对流冷却）和主动式散热技术（强迫对流冷却）两种。被动式散热技术主要借助热传导，自然对流和热辐射，将系统内热损耗排出系统外，有时也称为无风扇设计；主动式散热技术在笔记本中常常会使用到离心式风扇，让气流在散热鳍片中完成强制对流换热，从而将系统热量排出。如图 6-25 所示为采用两种不同冷却技术的笔记本电脑。

图 6-25　被动式散热技术（左）和主动式散热技术（右）冷却笔记本电脑

6.2.2　笔记本电脑热设计方案解析

6.2.2.1　Precision M4800 笔记本电脑介绍

Precision 系列笔记本电脑是 DELL 面向商用领域推出的高性能产品，也被

DELL 称为“移动工作站”。Precision M4800 是 DELL 于 2013 年投放市场的一款高性能更新产品，主要用于替换之前的 M4700。M4800 配置了 Intel 的 Haswell i7 处理器，NVIDIA Quadro K1100M 专业图形显卡，以及 QHD + 15.6in 显示器，整机硬件配置在当时非常高端。如图 6-26 所示为 Precision M4800 的外观图。其外形尺寸为 376mm（宽）× 32.9mm（高）× 256mm（厚），重量为 2.89kg。

图 6-26　Precision M4800 前部外观（上）和后部外观（下）

如图 6-27 和图 6-28 所示为 M4800 的内部组成部件示意图。

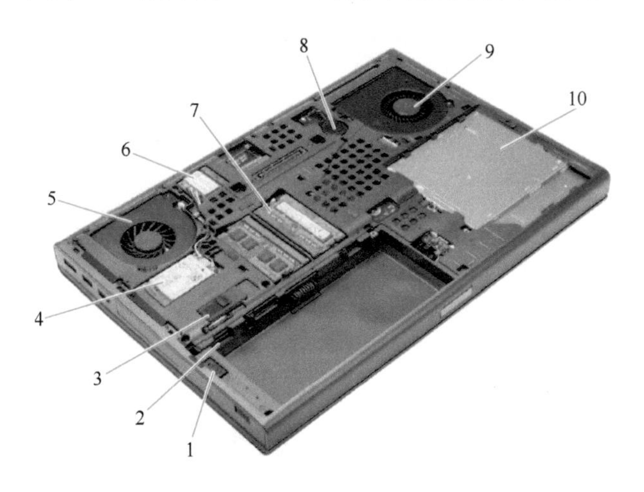

图 6-27　M4800 内部组成部件示意图（底面）
1—硬盘驱动器闩锁　2—Micro SIM 卡插槽　3—电池释放闩锁
4—WWAN 卡/mSATA SSD 卡　5—视频卡风扇　6—WLAN 卡
7—主内存　8—币形电池　9—系统风扇　10—光盘驱动器

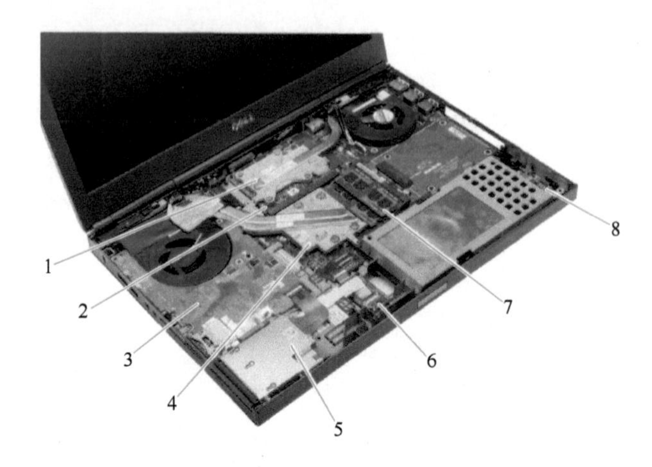

图 6-28　M4800 内部组成部件示意图（顶面）

1—视频卡散热器　2—视频卡　3—I/O 板　4—处理器散热器
5—Express 卡模块　6—Unified Security Hub（USH）板　7—次内存　8—Wi-Fi 开关板

表 6-2 所示为 M4800 允许工作环境条件中的温度和相对湿度要求。

表 6-2　M4800 允许工作环境条件的温度和相对湿度

环境参数	规　格
温度范围：	
运行时	0 ~ 40℃（32 ~ 104°F）
存储	-40 ~ 65℃（-40 ~ 149°F）
相对湿度（最大值）：	
运行时	10% ~ 90%（无冷凝）
存储	5% ~ 95%（无冷凝）

6.2.2.2　Precision M4800 笔记本电脑重要部件

M4800 采用的是锂离子电池，支持 6 芯和 9 芯两种规格。如图 6-29 所示，产品中采用的电源内含 9 芯，额定容量 8550mA · h，电压 11.1V。电池的尺寸为 190.65mm（长）× 82.6mm（宽）× 20mm（高），重量为 0.535kg。充电时运行温度范围为 0 ~ 50℃，放电时运行温度范围为 0 ~ 70℃，非运行时温度范围为 -20 ~ 65℃。

图 6-29　M4800 的 9 芯锂离子电池

M4800 的 CPU 采用的是 Intel 的

i7-4810MQ 芯片，封装形式为 FCPGA（Flip Chip Pin Grid Array），尺寸为 37.5mm×37.5mm×4.7mm，如图 6-30 所示。其热设计功耗（Thermal Design Power，TDP）为 47W，最大允许工作结点温度为 100℃。

M4800 的 GPU 采用 NVIDIA 的 N15P－Q1－A2 芯片，如图 6-31 所示。

图 6-30　i7-4810MQ 的 CPU

图 6-31　NVIDIA 的 GPU

M4800 为了提升续航时间，采用了低电压版本的 DDR 3L 内存。如图 6-32 所示为 M4800 采用的两条 ELPIDA 的 4G DDR 3L 内存。M4800 合计有四个 DDR 3L 的槽位，最大可以支持 32GB 的内存。

如图 6-33 所示为 M4800 中所采用的 Colorful 512GB 的固态硬盘。

图 6-32　ELPIDA 的 4G DDR 3L 内存

图 6-33　Colorful 的 512GB 固态硬盘

6.2.2.3　Precision M4800 笔记本电脑热设计架构

Precision M4800 采用强迫对流冷却技术，整个产品热设计架构的核心可以概括为“合理布局”。如图 6-34 所示为 M4800 内部重要部件的布局图，电池、Express 卡等低发热量的元器件置于枕手盖的下方，从而从设计上保证枕手盖的温度相对偏低。CPU 和 GPU 采用独立的散热模组进行冷却，避免两者之间相互的热影响。CPU 芯片的热功耗首先传递至散热模组的铜基板，之后热量经过两支热管进入至散热器，最后由 CPU 风扇产生的空气带离笔记本电脑，如图 6-34 中红色箭头所示。M4800 的北桥芯片共用了 CPU 散热模组，其位于热管中间位置。与 CPU 的散热架构相类似，GPU 也是通过散热模组进行冷却，唯一的差异是 GPU 的热功耗要小于 CPU，所以散热模组只采用一支热管，并且 GPU 的风扇也略小于 CPU 风扇。

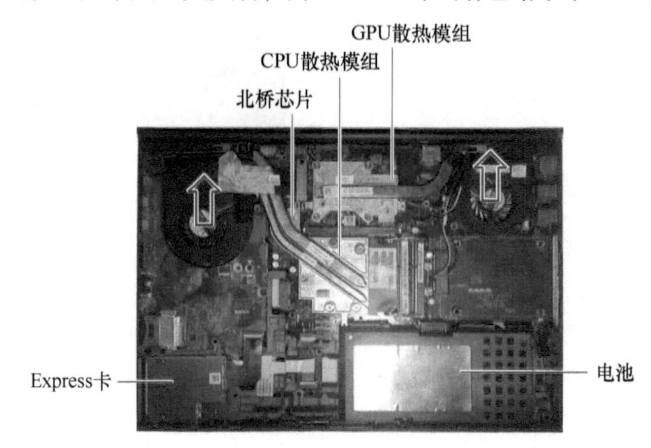

图 6-34　M4800 内部重要元器件的布局图

在 M4800 的内部，内存、硬盘等也具有一定的热功耗，在壳体上设计合理的进出风口可以解决这些元器件的散热问题。如图 6-35 所示为 M4800 的 4 个底面进风口。CPU 散热模组主进风口正对这 CPU 风扇，提供了整个模组绝大部分所需的风量。CPU 散热模组次进风口的主要作用是使内存等热功耗元器件周围产生一定的空气流速，以便这些相对热功耗较小的元器件被冷却。GPU 散热模组的主次进风口设计理念与 CPU 散热模组的主次进风口相类似。M4800 底面四个边角处的橡胶脚垫厚度为 2.8mm，提供了足够的进风空间。

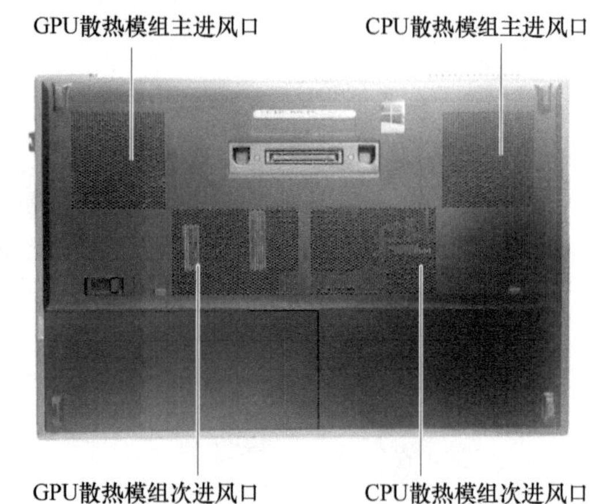

图 6-35　M4800 底面进风口

如图 6-36 所示为 M4800 后侧面的 CPU 和 GPU 散热模组出风口。位于出风口位置的散热模组齿片和热管均做了黑色烤漆，保持了与 M4800 相一致的外观颜色。散热模组的齿片紧邻模组的出风口，CPU 和 GPU 的热功耗进入至齿片之后，直接把空气带离到 M4800 的外部，不会引起任何的热空气回流或短路。

图 6-36　M4800 后侧面出风口

通常情况下，键盘区域也可以有一定的空气进入。由于 M4800 采用的是防泼溅键盘设计，在键盘的底面上安装有一层透明塑料片，所以键盘区域的空气进风量几乎没有，如图 6-37 所示。

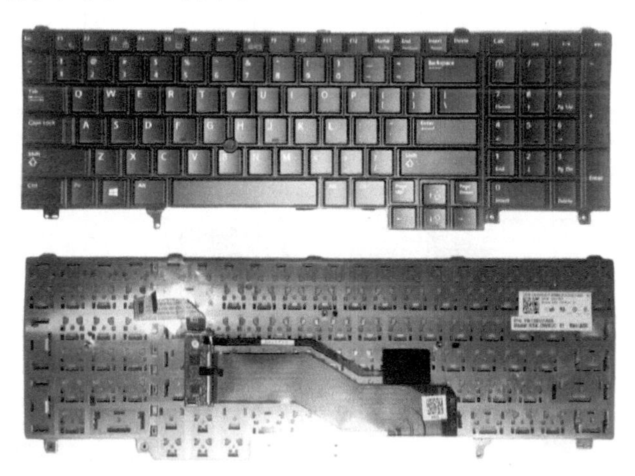

图 6-37　笔记本电脑键盘顶面（上）和底面（下）

如图 6-38 所示为 M4800 采用的两款 AVC 双侧进风离心风扇，型号分别为 BATA0815R5H 和 BATA0715R5M。BATA0815R5H 的最大风量为 4.3cfm，BATA0715R5M 的最大风量为 4.5cfm。

图 6-38　GPU 冷却风扇（左）和 CPU 冷却风扇（右）

CPU 散热模组和 GPU 散热模组如图 6-39 和图 6-40 所示。CPU 和 GPU 散热模组主要由齿片、热管和基板三部分组成。其中齿片采用扣 Fin 工艺加工，材质为 AL1100，齿片间距 1mm。基板采用压铸工艺加工，材料为 ADC12。为了提升散热模组的性能，基板中心区域采用铜块与热管连接。CPU 散热模组采用了两支直径为 6mm 和 8mm 的热管。由于笔记本电脑内部高度空间的限制，热管被打扁至厚度 3mm。通常情况下直径 6mm 热管打扁至 3mm 厚之后，大约可以传递 25W 的热量；直径 8mm 热管打扁至 3mm 厚之后，大约可以传递 45W 的热量。CPU 散热模组最大传热量约为 70W，满足 CPU 的热设计功耗 45W。GPU 散热模组采用了一支直径为 8mm 的热管，并且热管被打扁至厚度为 3mm。此外，散热模组的齿片上固定有黑色塑料片，保证风扇产生的空气流量可以全部经过齿片，避免出现风扇出风短路的现象。一些 CPU 和 GPU 附近具有热功耗的元器件，也会通过散热模组进行冷却。如图 6-40（右）所示，在散热模组的压铸基板上有很多导热垫（Thermal PAD），用以填充热功耗元器件与压铸基板的中间缝隙。由于这些热功耗元器件的高度有所不同，采用导热垫可以解决由此引起的公差问题。

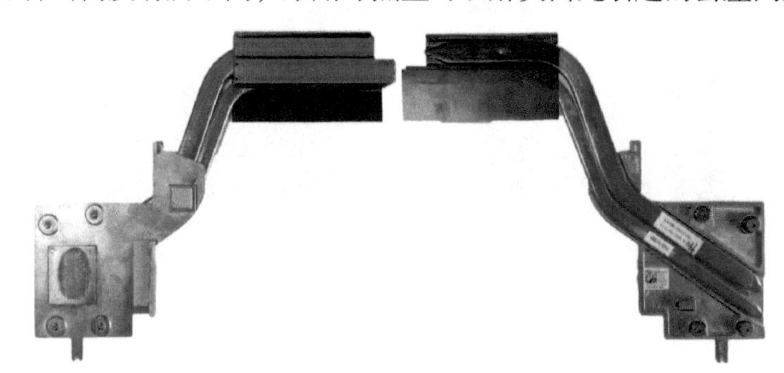

图 6-39　CPU 散热模组的底面（左）和顶面（右）

图 6-40　GPU 散热模组的顶面（左）和底面（右）

6.2.3　小结

M4800 作为 DELL 经典的“移动工作站”产品，在热设计方面堪称经典。

热管散热模组与离心风扇的冷却组合在笔记本电脑方面有近二十年的历史，至今仍是笔记本电脑冷却的主流方式。笔记本电脑的热设计核心关键是合理的元器件布局架构。M4800 的内部元器件布置尤为可以称道，整个产品气流组织合理，空气在产品内部严格按设计的路径流动，无任何空气回流和短路。热功耗较大区域位于人体接触时间较少的键盘底部，为营造良好的用户体验提供可能。由于是移动工作站的原因，M4800 的产品体积相对较大，这也在一定程度上降低了其热设计的难度和挑战。最后以 M4800 的全家福（见图 6-41）结尾，向曾经的一代经典致敬。

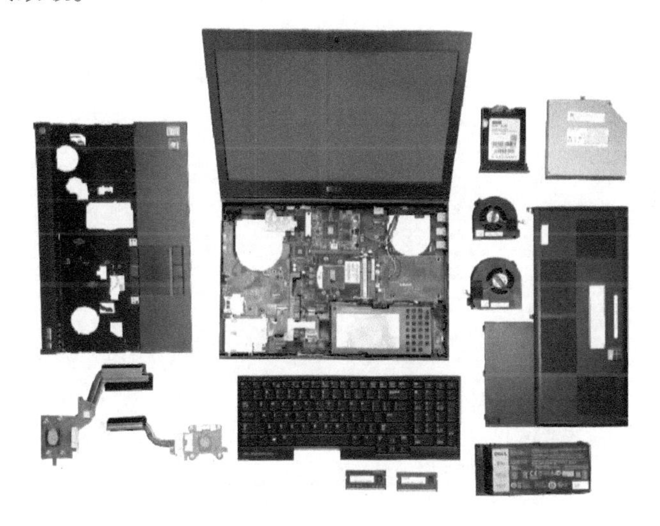

图 6-41　M4800 的全家福

第7章 电力电子产品的热设计

电力电子技术就是使用电力电子器件对电能进行变换和控制的技术。电力电子产品正是基于电力电子技术形成的产品，主要有以下三大类：变频器、电能质量类产品以及电子电源产品。通常电力电子产品具有设计寿命长、应用环境恶劣和高热耗密度等特点。类似于一些风电变流器的电力电子产品，其设计寿命可以长达20年，热设计方案的可靠性和维护便利性是重要的设计内容。此外，效率一直是电力电子产品追求的终极目标，加之产品体积的限制，使得高热耗密度也成为了电力电子产品的重要特点。电力电子产品所具有的这些特点，使产品的热设计技术方案选择和实现面临巨大的挑战。

7.1　风电变流器

7.1.1　风电变流器介绍

《超能陆战队》是迪士尼与漫威联合出品的第一部动画电影，主要讲述充气机器人大白与天才少年小宏联手菜鸟小伙伴组建超能战队，共同打击犯罪阴谋的故事。片中小宏对机器人大白进行二次改造之后，在“旧京山”城市上空进行了一次飞翔测试。大白背负着小宏穿梭在城市上空的风力发电机之间，最后两个人在发电机（见图7-1）上休息远眺，期待着新的行动。

图7-1　《超能陆战队》中的高空风力发电机

风力发电是把风的动能转变成机械能，再把机械能转化为电能。其核心原理是利用风力带动风车叶片旋转，再通过增速机将旋转的速度提升，来促使发电机发电。风力发电所需要的装置，称作风力发电机组。风力发电机组主要由风轮和发电机组成。其中变流器是发电机的核心部件，主要作用是将直流电转变为常规的交流电。由于风力自身的不稳定性，使得风力发电机组产生的电能同样不稳定。因此，风力发电机组直接产生的电能，通常是先输送至配套的电池组，即先给蓄电池充电。由于蓄电池储存的电能是直流电，如果需要输出交流电使用，则必须通过变流器，将直流电转换为交流电。如图7-2所示为风力发电机组主要部件的示意图。

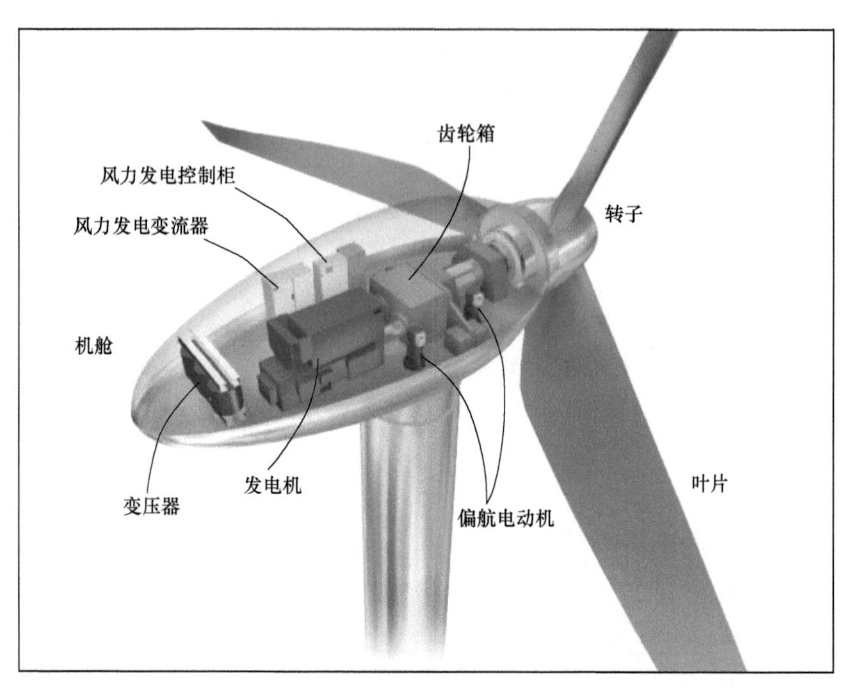

图 7-2　风力发电机组主要部件的示意图

7.1.2　风电变流器热设计方案解析

7.1.2.1　ACS800-67 风电变流器介绍

ACS800-67 是 ABB 公司针对风力发电行业所研发和生产的变流器，特别适用于海上、岸边甚至高海拔等严酷恶劣环境下安装的兆瓦级以上的风力发电机组。从风力发电机组系统来看，变流器位于电网和发电机之间。变流器的实际安装位置可以在塔筒底部的服务间或者塔上的机舱内部，如图 7-3 所示。

图 7-3　ACS800-67 安装位置

如图 7-4 所示为 ACS800-67 的外观图，其尺寸为 1802mm（高）× 877mm（深）× 2330mm（宽），重量为 1690kg。图中红色虚线左侧是并网柜，右侧为传动单元柜，两个柜在结构上相互独立。并网柜的右侧为定子柜，左侧为电源柜，如

图 7-5 所示。传动单元柜从右至左分别为两台 ACS800 104 IGBT 供电模块、一台 LCL 滤波器模块和一台逆变单元模块，如图 7-6 所示。

图 7-4　ACS800-67 外观图

图 7-5　ACS800-67 并网柜

ACS800-67 的应用环境条件：空气温度 -15 ~ +50℃，相对湿度 5% ~ 95%，海拔 0 ~ 4000m。后部预留出风空间 500mm，顶部预留空间 600mm。当环境温度在 40 ~ 50℃时，ACS800-67 需要进行降容使用。环境温度超过 40℃后，每升高 1℃，则额定输出电流减小 1%。如果安装地点的海拔超过 1000m，则海拔每升高 100m，降容 1%。通过安装在塔舱门上的风扇将外部环境空气引入至塔舱内，用于对 ACS800-67 风电变流器冷却，如图 7-7 所示。

图 7-6　ACS800-67 传动单元柜结构

图 7-7　塔舱门上的风扇

7.1.2.2 ACS800-67 重要部件

1. ACS800 104 IGBT 供电模块

ACS800-67 使用了两台 ACS800 104 IGBT 供电模块，如图 7-8 所示。其外形尺寸为 1381mm×239mm×587mm。IGBT 供电模块的整体设计为竖立结构，冷却风扇安装在底部区域，散热风道由下至上。中间区域是功率器件 IGBT、散热器和 PCB，图 7-8 中所示盖板 A 去除之后可以看到最上方是输出滤波器电感，中间区域是散热器风道，如图 7-9 所示。图 7-8 中所示盖板 B 去除之后可以看到驱动板和电源板等，如图 7-10 所示。输出滤波器电感和母线电容被置于 ACS800 104 IGBT 供电模块的顶部，如图 7-11 所示。

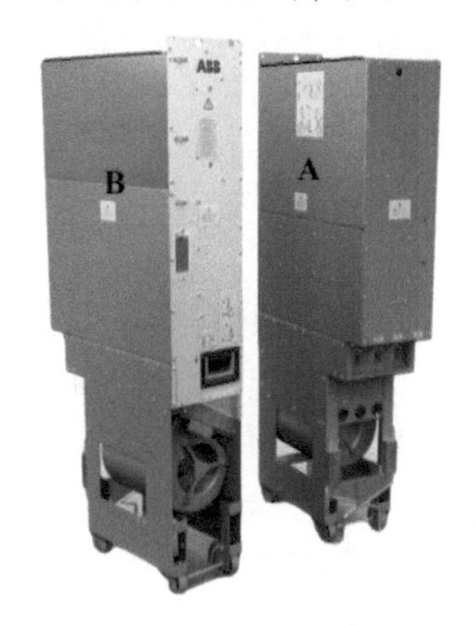

图 7-8　ACS800 104 IGBT 供电模块前部（左）和后部（右）

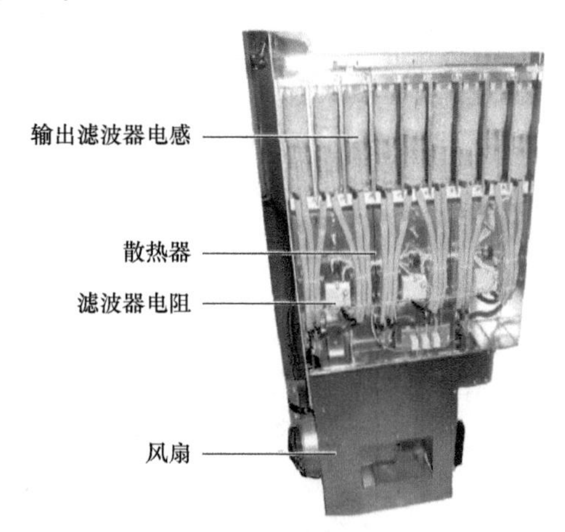

图 7-9　去除盖板 A 的内部结构

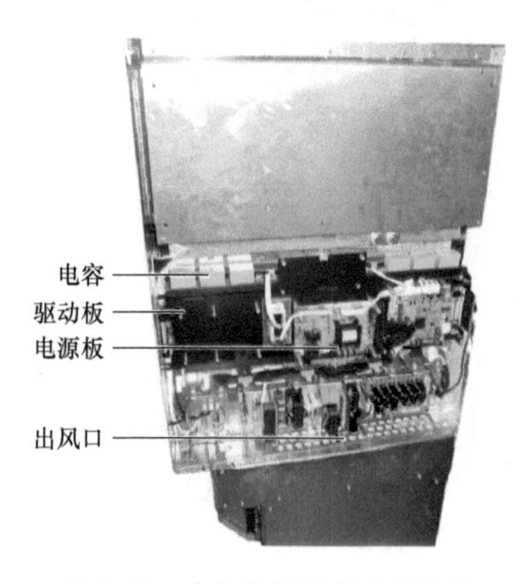

图 7-10　去除盖板 B 的内部结构

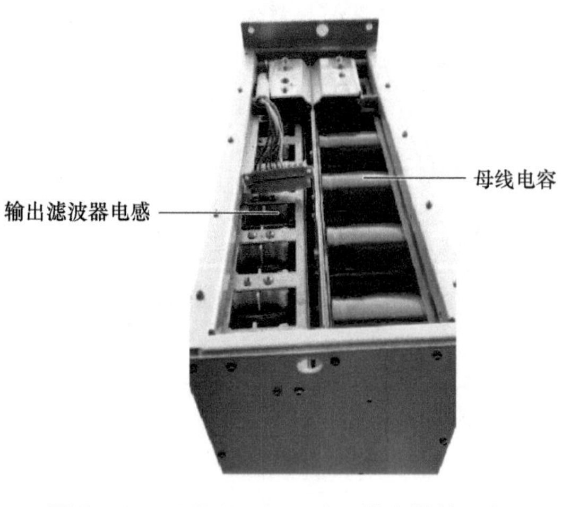

图 7-11　ACS800 104 IGBT 供电模块顶部

ACS800 104 IGBT 供电模块总共使用了 6 块 EUPEC 型号为 FS450R17KE3 IGBT 模块单元，一块 FS450R17KE3 IGBT 模块单元由 3 个 IGBT 模块组成，如图 7-12 所示。一个 IGBT 模块内部会有多个 IGBT 和 Diode 芯片，如图 7-13 所示。

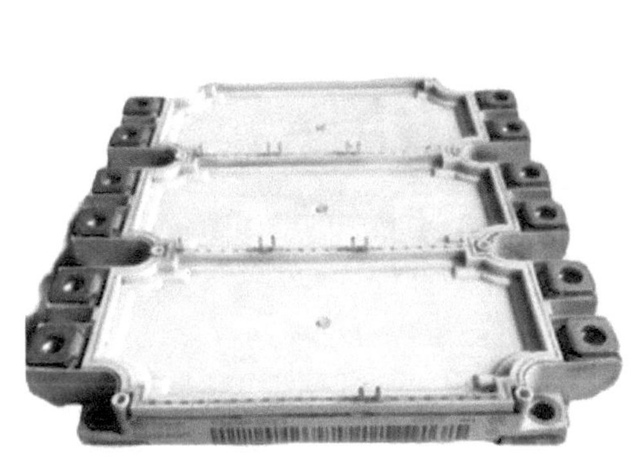

图 7-12　EUPEC 型号 FS450R17KE3 IGBT 模块单元

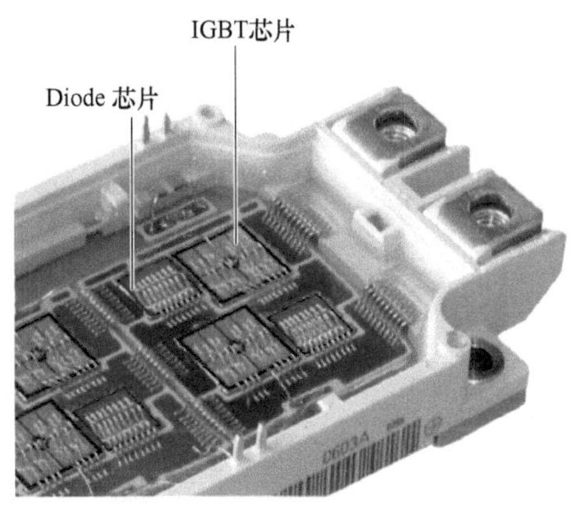

图 7-13　IGBT 模块内部的 IGBT 和 Diode 芯片

在 IGBT 模块实际工作时，IGBT 和 Diode 芯片的温度呈周期性的变化。而 IGBT 模块的寿命与 IGBT 和 Diode 芯片的温度和温升有关。20 世纪 90 年代，瑞士政府资助苏黎世联邦理工学院进行了一项针对 IGBT 模块寿命预测的项目。该项目对来自欧洲和日本多个厂商的 IGBT 模块进行了大量的研究和功率循环试验，确定了结温波动对于 IGBT 模块寿命的影响，并于 1997 年公布了初版的 LESIT 功率循环曲线，如图 7-14 所示。从图中可以看出，IGBT 芯片的结点工

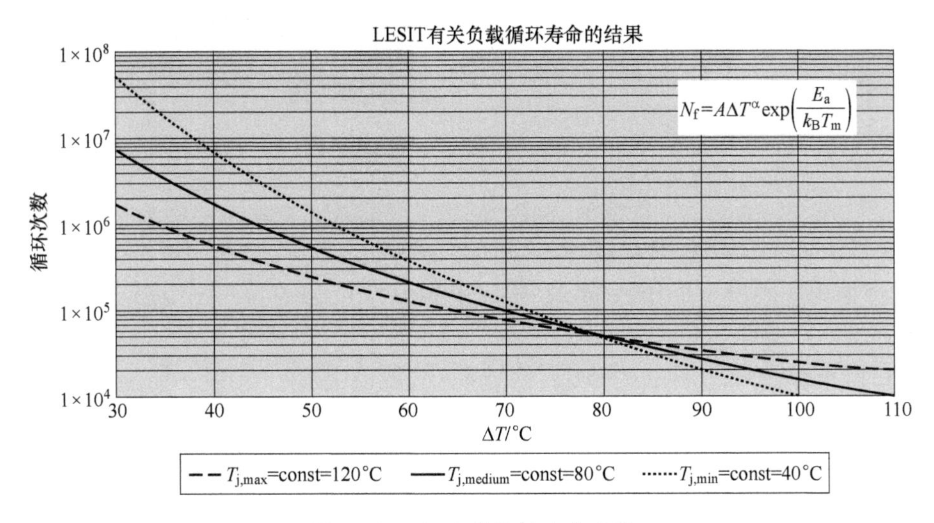

图 7-14　IGBT 模块的寿命曲线

作温度，以及芯片温升决定了IGBT芯片的循环次数。例如，IGBT芯片的最大结点温度为120℃，如果在工作时的温升为60℃，则允许的温升循环次数为1.5×10^5。

IGBT模块单元安装于散热器之上，散热器采用铝挤工艺加工，其尺寸为190mm（宽度）×100mm（高度）×250mm（沿气流方向长度），齿片厚度2mm，齿片间距为2mm，IGBT安装面基板厚度为16mm，滤波器电阻安装面厚度为8mm，如图7-15所示。

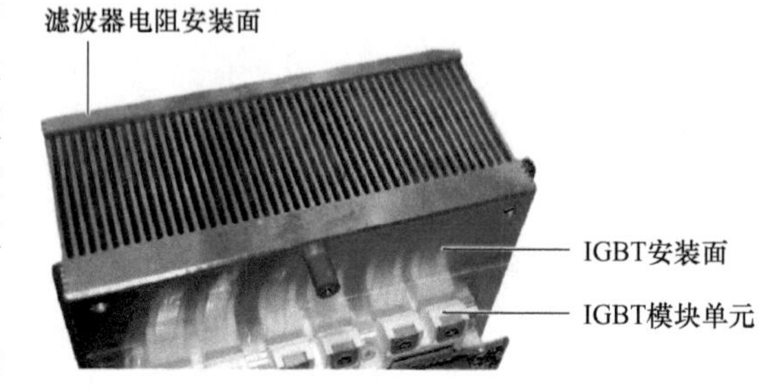

图7-15　散热器外观图

ACS800 104 IGBT供电模块的风扇采用了ebm-papst型号为D2D160-BE02-11的双侧进风离心风扇，如图7-16所示。该款风扇额定转速为2700～3000r/min，使用的环境温度为-25～75℃。

为了保证风扇出风的利用率，在风扇的出风口加装了导流风道，如图7-17所示。

图7-16　ebm-papst型号D2D160-BE02-11的双侧进风离心风扇

图7-17　风扇出风口导流风道

ACS800 104 IGBT模块单元内部的热功耗主要集中在IGBT模块单元，IGBT驱动板、电源板、输出滤波器电感和母线电容也需要一定的冷却。如图7-18所示，ACS800 104 IGBT模块单元的底部为双侧进风离心风扇，风扇出风在模块单元内部形成两条独立冷却空气流动路径。其中一条空气流动路径用于IGBT散热器和输出滤波器电感的冷却。另一条则用于热功耗相对较小的电路板和母线电容的冷却。ACS800 104 IGBT模块单元的空气流动路径较长，且流动阻力较大。离心风扇的特点就是静压比较高，适合在一些流动阻力较大的应用场合。此外，ACS800 104 IGBT模块单元的进风为前部，出风在顶部，两者之间呈 90°。离心风扇具有进出风呈 90°的特点，气流流动的方向变换直接在风扇内部就完成，减少了气流方向变换引起的阻力损失。由于风扇的出风口尺寸有限，所以在风扇出风口设计有导流风道，以便风扇出风进入至两条空气流动路径中。两条气流路径的流量平衡是设计的挑战，通过在 IGBT 驱动板下方的挡板上开孔和布置，可以平衡两条气流路径的空气流量。另外，风扇布置于模块的进风口有利于在 ACS800 67 变流器 20 年设计使用寿命期间减少风扇的维护更换次数。由于风力发电机组一般布置于相对人迹罕至的区域，设备的维护成本很高，尽量在设计层面减少维护的频次。由于风扇的使用寿命与其轴承温度相关，而风扇的环境温度又直接影响到轴承温度。如图 7-19 是一款变流器所采用离心风扇的转速、轴承温度与寿命的关系。其中环境温度每降低 10℃，几乎可延长了一倍的使用寿命。由于 ACS800 104 IGBT 模块单元内部的 IGBT 等高热功耗元器件的影响，风扇如果布置于进风口可以比布置于出风口低 10℃左右的环境温度。ACS800 104 IGBT 模块单元建议每六年更换一次离心风扇。总体来说，ACS800 104 IGBT 模块单元的结构非常紧凑，热设计架构合理和高效。

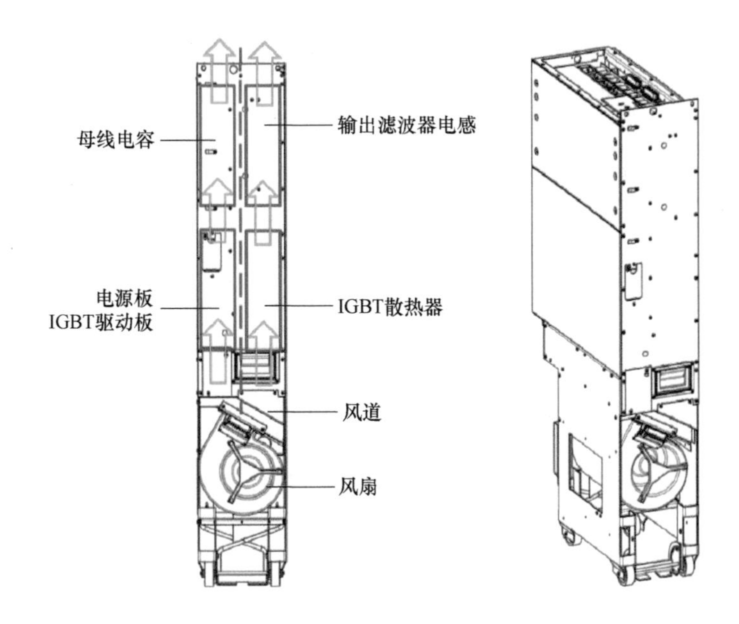

图 7-18　ACS800 104 IGBT 模块热设计架构

2. ACS800 ALCL_1X 滤波器模块

ACS800-67 使用了 1 台 ALCL_1X 滤波器模块来抑制由变流器高频开关造成的输入电压畸变。如图 7-20 所示，其外形尺寸为 1397mm × 239mm ×

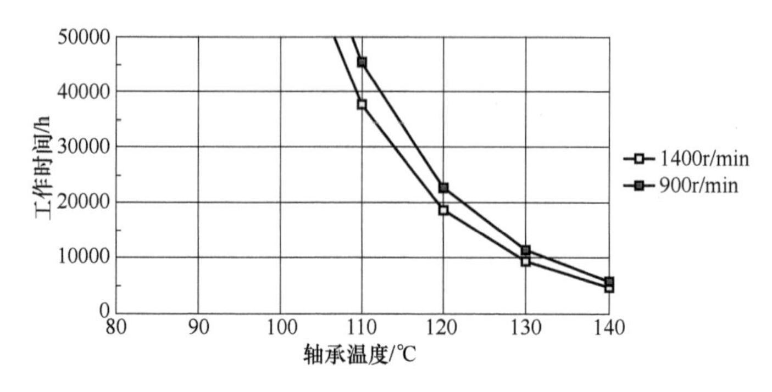

图 7-19　风扇轴承温度与寿命的关系

495mm。其重量和所需的空气流量为分别为 180kg 和 400m³/h。如图 7-21 所示，ALCL_1X 滤波器模块采用竖立结构，冷却风扇安装在底部区域，散热风道由下至上。中间区域是逆变侧的电抗器，上方是进线侧电抗器，这两者也是 ALCL_1X 滤波器模块主要的被冷却元器件。ALCL_1X 滤波器模块的热设计理念与 ACS800 104 IGBT 模块单元的理念相似，结构紧凑，风道设计和风扇选择合理。

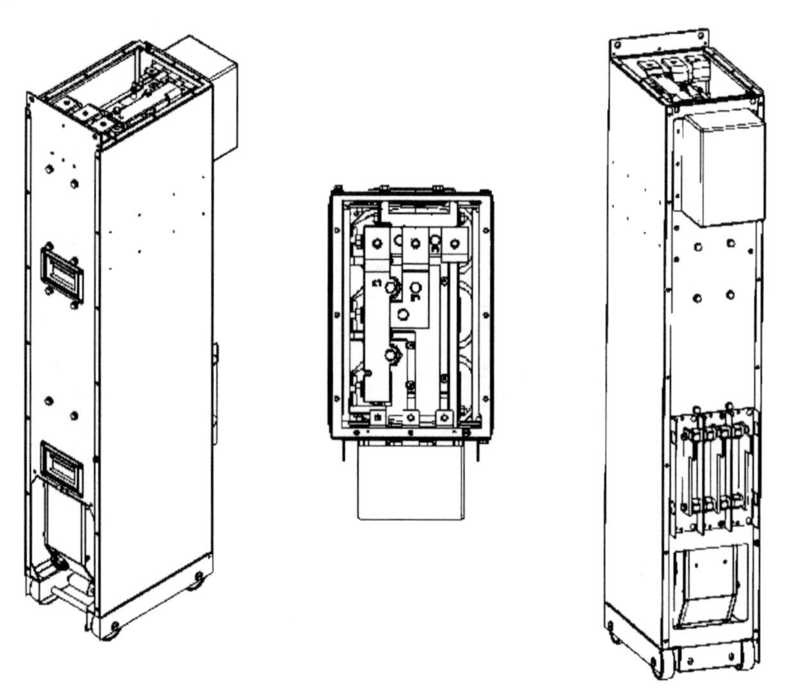

图 7-20　ALCL_1X 滤波器模块外观图前部（左）顶部（中）和后部（右）

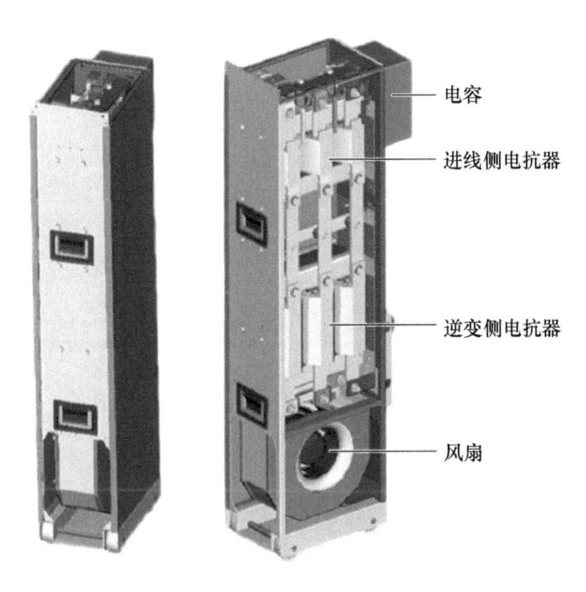

图 7-21　ALCL_1X 滤波器模块内部结构

7.1.2.3　ACS800-67 热设计架构

ACS800-67 风电变流器的整体可以分为并网柜和传动单元柜两部分，这两部分在结构上独立。

并网柜由电网电源柜和定子柜组成，两者之间相互独立。并网柜下方安装有风扇，将空气吹进并网柜内部，然后从背面上方的风口排出。这两颗风扇分别由两个温度传感器来控制。当温度传感器检测到温度高于设定值时，起动风扇，低于设定值≥7℃时，风扇停止工作，出厂的设定值为 35℃。如图 7-22 所示为电网电源柜和定子柜风扇。图 7-23 所示为电网电源柜背面的出风口。

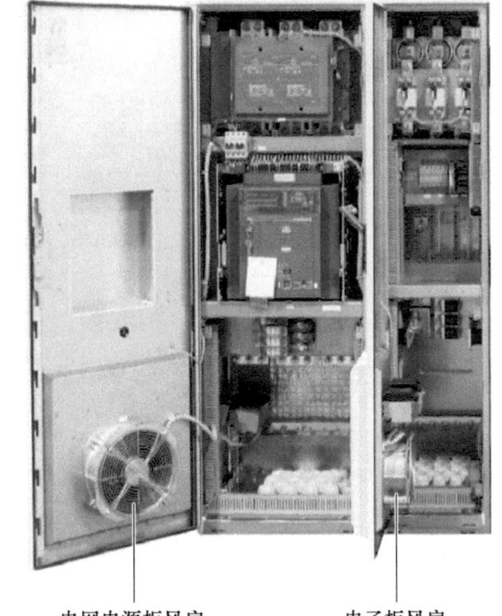

图 7-22　电网电源柜和定子柜风扇

在定子柜和电网电源柜内加装的两个加热器，用于帮助冷起动和预防凝结水，如图 7-24 所示。加热器分别由温度传感器和湿度传感器其来进行控制，温度传感器的默认设置为 10℃，湿度传感器的默认设置为 80% 相对湿度。

图 7-23　电网电源柜背面出风口

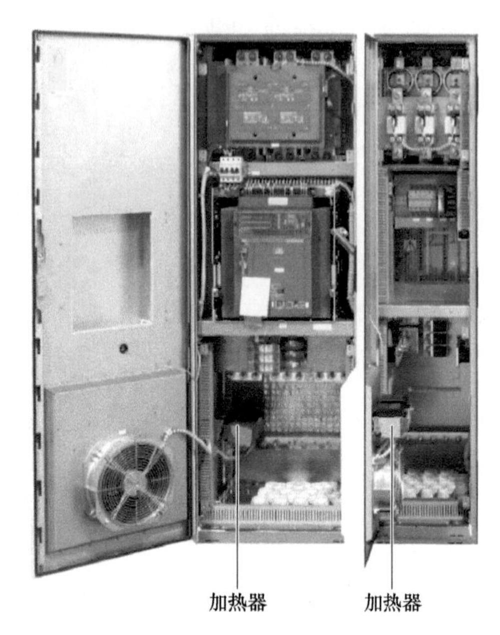

图 7-24　定子柜和电网电源柜的加热器

传动单元柜的主要进风口在机柜前部的下方，出风口位于背部的上方，如图 7-25 所示。由于传动单元柜需要满足 IP54 的防护等级，以及避免环境中的粉尘进入至柜体内部，所以在进出风口采用了百叶窗和过滤棉，如图 7-26 所示。由于 ACS800-67 风电变流器布置于机舱或塔筒，传动单元柜的进出风口位于机柜前后部有助于减少应用场地面积的要求。基于散热效果的考虑，进出风口必须与周围物理环境保持一定的距离。如果在机柜侧面布置进出风口，则机柜之间就无法紧临布置，增加了对于布置空间的要求，所以一般不建议将进出风口

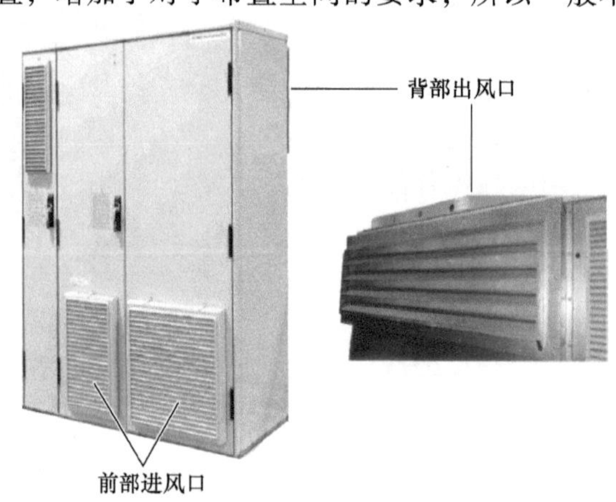

图 7-25　传动单元柜进风口（左）和出风口局部（右）

布置于机柜侧面。由于柜体前门需要打开和关闭，所以机柜前部预留有足够空间，机柜进风口适于布置于前面板上。出风口布置于机柜后部，其优点是机柜对于顶部预留空间的要求较小，但要求机柜后部预留一定的空间。

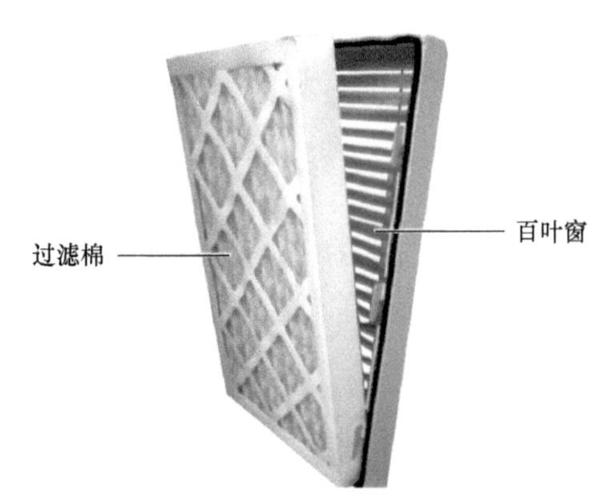

图 7-26　进出风口结构

图 7-27 所示为传动单元柜内部风扇与进风口位置，IGBT 供电模块、LCL 滤波器模块和逆变单元模块的风扇均紧靠前部进风口。在离心风扇的作用下，环境空气由机柜的正面下方进入至各个模块中，并且由下至上冷却模块内部的相关元器件，最终由背部的出风口离开传动单元柜。空气在传动单元柜内流动路径必须保证单向性，不允许出现空气回流或短路的情况，例如 LCL 滤波器模块的上方加装了挡板，如图 7-28 所示。

图 7-27　传动单元内部风扇与进风口位置

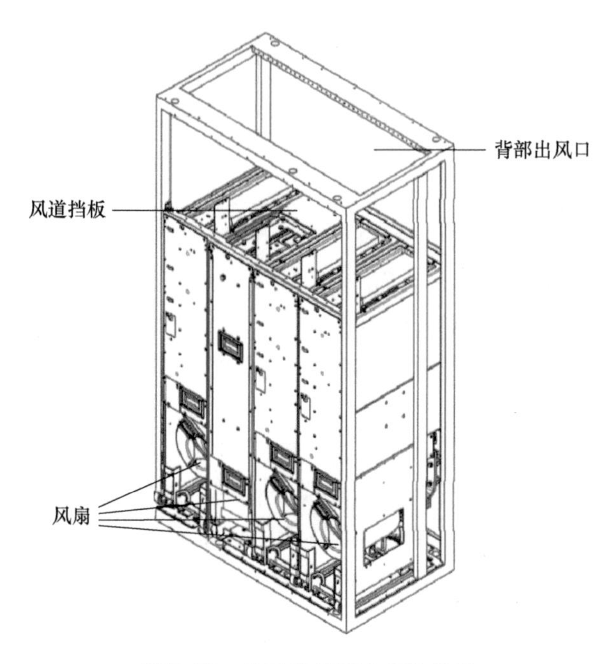

图 7-28　传动单元柜内部的挡板

7.1.3　小结

ACS800-67 变流器的热设计具有以下几个特点：模块化、紧凑性、风道高效、少维护。模块化的 ACS 800 104 IGBT 供电模块设计，可以根据 ACS800-67 变流器的输出功率要求进行增加和减少。逆变单元模块也只需要在 IGBT 供电模块的基础上更改端子即可。LCL 滤波器模块的外形宽度和 IGBT 供电模块一致，可以方便地进行扩展。变流器应用场合的物理空间较为有限，因此充分考虑了进出风口所在位置对于场地的要求，在热设计层面减少产品的使用占地空间。除此之外，ACS800-67 变流器内部几乎也没有浪费的空间。对于采用强迫风冷冷却的 ACS800-67 而言，必须保证足够的空气流量经过需要散热的表面（例如IGBT 散热器、LCL 的电抗器），风道设计实现了这一高效冷却的要求。巧妙地将离心风扇布置于 ACS800-67 变流器的进风口，不仅仅大幅延长了风扇的使用寿命，减少了维护更换的频次，而且空气 90°流动方向的改变直接在风扇内部完成。从热设计的角度来审视，ABB 的这款 ACS800-67 变流器堪称经典。但这个热设计架构形成的背后汇集了结构、电子等多专业的智慧。

7.2　光伏逆变器

7.2.1　光伏逆变器介绍

《爱宠大机密》是由照明娱乐与环球影业在 2016 年联合出品的喜剧动画片。影片是一部“主人不在家，宠物们大作战”的故事。在纽约一幢热闹的公寓大楼里，有一群宠物，每天主人出门后、回家前这里就变成了它们的乐园。在这栋大楼的楼顶，安装了许多光伏发电系统，如图 7-29 所示。

图 7-29　公寓楼顶的光伏发电系统

光伏发电系统是指直接将光能转变为电能的发电系统。其主要原理是利用光照使不均匀半导体或半导体与金属结合的不同部位之间产生电位差的现象。如图 7-30 所示，光伏发电系统主要由光伏组件和逆变器等组成。其中光伏逆变器的主要作用是将光伏组件产生的可变直流电压转换为市电频率的交流电，这部分交流电可以出售给商用输电系统或者自用。

图 7-30　光伏发电系统

7.2.2 光伏逆变器热设计方案解析

7.2.2.1 Sun2000-10KTL 光伏逆变器介绍

Sun2000-10KTL-USL0 是一款针对北美市场功率等级为 10kW 的单相组串型光伏并网逆变器，主要功能是将光伏组件产生的直流电转成交流电并馈入电网。其组网应用的形式如图 7-31 所示。

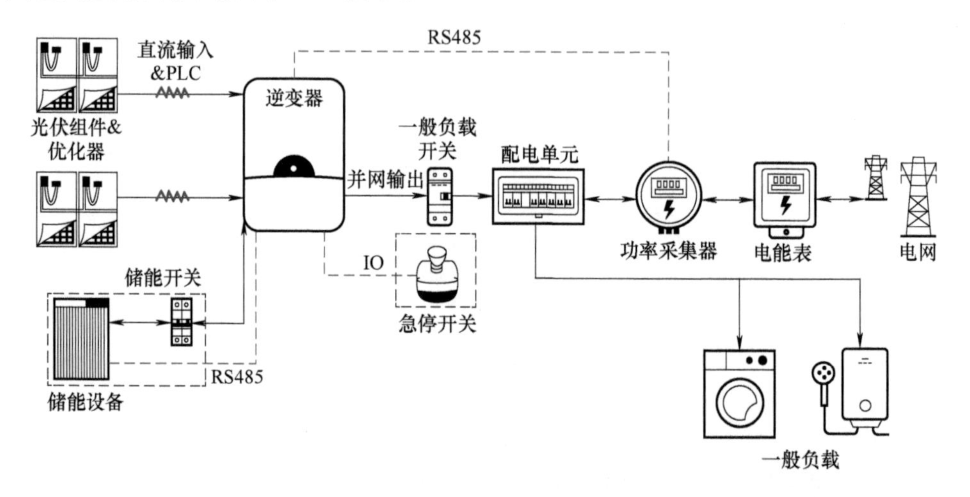

图 7-31 Sun2000-10KTL-USL0 光伏并网逆变器组网应用的形式

如图 7-32 所示为 Sun2000-10KTL-USL0 的实物图。其外形尺寸为 650mm × 445mm × 160mm，如图 7-33 所示。Sun2000-10KTL-USL0 的重量和体积分别为 23kg 和 46L。

图 7-32 Sun2000-10KTL-USL0 实物图前部（左）和后部（右）

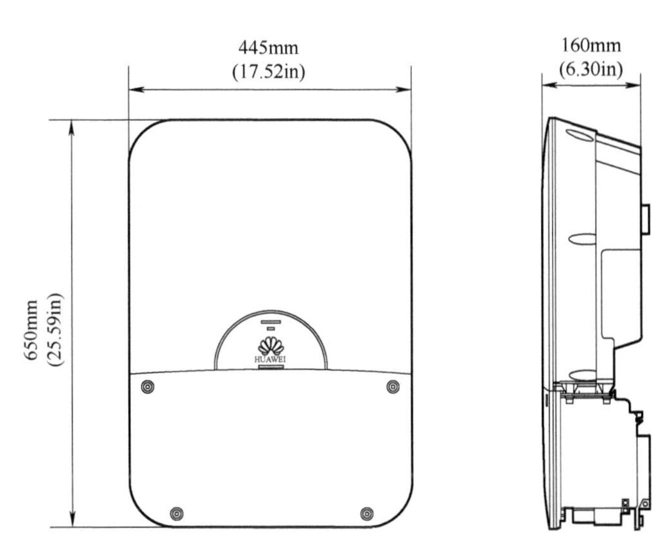

图 7-33　Sun2000-10KTL-USL0 外形尺寸

Sun2000-10KTL-USL0 的应用环境参数如下：允许工作环境温度 -30 ~ 60℃，允许工作环境相对湿度 0 ~ 100%。安装的海拔范围为 0 ~ 4000m，当海拔大于 2000m 时，需要进行降额工作。由于 Sun2000-10KTL-USL0 应用于户外环境，其防护等级为 IP65，可以有效防护环境粉尘、雨水的影响。

基于散热等方面的考虑，Sun2000-10KTL-USL0 在实际应用环境中需要与周围物体保持一定的距离，如图 7-34 所示。如果是多台 Sun2000-10KTL-USL0 的安装场景，在有充足安装空间的情况下，推荐进行一字形安装，如图 7-35 所示。

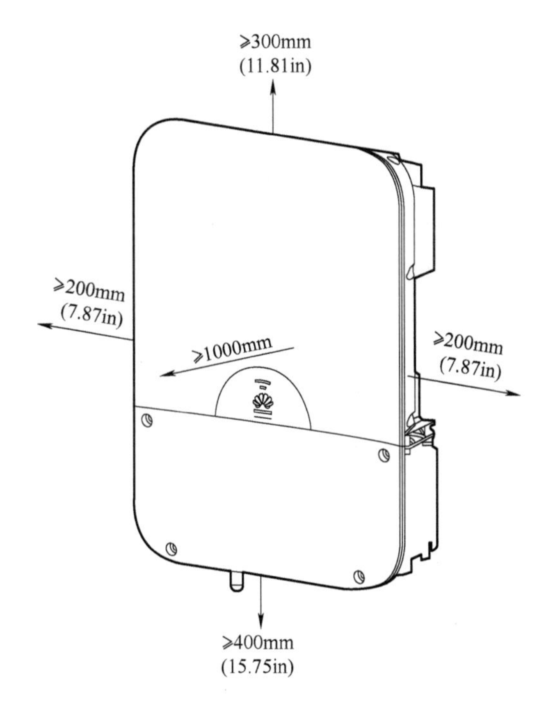

图 7-34　Sun2000-10KTL-USL0 安装空间要求

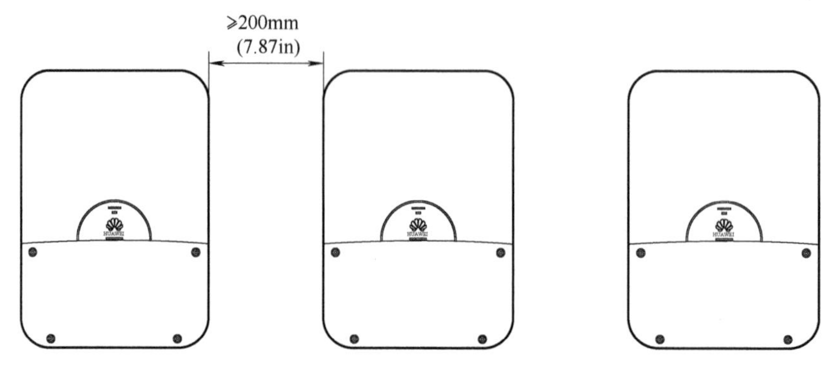

图 7-35　一字形安装形式

7.2.2.2　Sun2000-10KTL 光伏逆变器重要部件

Sun2000-10KTL 光伏逆变器的重要部件有功率器件 MOSFET、电容、电感和变压器等。Sun2000-10KTL 使用了 124 颗 Infineon 的 MOSFET，型号为 BSC093N15NS5，如图 7-36 所示。其热阻 R_{JC}的典型值为 0.54K/W，最大值为 0.9K/W，最大结点允许温度为 150℃。

图 7-36　MOSFET 的顶面（左）和底面（右）

Sun2000-10KTL 总共采用了 16 颗 NIPPON CHEMI-CON 的电解电容，其容量和额定电压分别为 1200μF 和 315V。外壳上表面印有允许的最大工作温度为 105℃，如图 7-37 所示。一般情况下最大允许工作温度为 105℃ 电解电容产品，其允许的内部最高温升为 5℃，芯包中心最高温度可以达到 110℃。过高的芯包温度会使电解电容快速失效，而芯包温度长时间处于最高允许温度附近时会明显地缩短其使用寿命。

Sun2000-10KTL 中使用了两颗电感，其主要由铁心、铜绕组和绝缘材料等组成，如图 7-38 所示。由铁心和铜绕组产生的热损耗一般简称为铁损和铜损。电感是 Sun2000-10KTL 的重要发热元器件，可以占到整个产品热功耗的 25% 左右。电感的铜绕组由绝缘材料包裹，而绝缘材料的绝缘等级与温度有密切关系。因

图 7-37　电解电容

为温度越高，材料的绝缘性能就会越差。所以，不同等级的绝缘材料都有一个最高允许工作温度，在这个温度范围内，可以安全的使用。例如 H 级绝缘等级可以耐受 180℃的高温。

Sun2000-10KTL 内部有一颗变压器，主要的功能是功率传送和电压的变换。与电感相类似，变压器也属于磁性元件。其主要由线圈和铁心组成，如图 7-39 所示。

图 7-38　电感

图 7-39　变压器

7.2.2.3　Sun2000-10KTL 光伏逆变器热设计架构

Sun2000-10KTL 的规格书中注明了最高效率为 99%。当环境温度升高时，逆变器会做一定的降额，效率也会发生变化。通常情况下环境温度超过 45℃之后，逆变器无法满负载进行工作。Sun2000-10KTL 是无法在 60℃的环境下，满负载进行工作的。根据 Sun2000-10KTL 的输出功率和效率数据，其最大的热功耗大约为 200W。

如图 7-40 所示为 Sun2000-10KTL 的内部结构，整个产品分为下方维护腔和上方功率腔两个部分。维护腔主要用于 Sun2000-10KTL 与光伏组件输入和并网输出的连线。功率腔主要完成直交流的转换功能，也是整个产品热功耗所在的区域。优化布局和强化热传导路径是 Sun2000-10KTL 主要热设计理念。热功耗大的元器件优先置于产品的上部区域，避免对其他元器件产生热影响。此外，采用导热垫填充 PCB 与后壳之间的间隙，强化了元器件与外壳之间的热传导路径。当热量传递至后壳表面的齿片之后，便可通过对流换热和热辐射进入至周围环境中。例如，图 7-40 中发热量较大，且耐温较强的两颗电感被置于整个产品的最上方。16 颗电解电容一字排开，将 PCB 分为上下两个部分。一些对温度敏感的芯片被置于 PCB 的下方，以获得相对较低的环境温度。

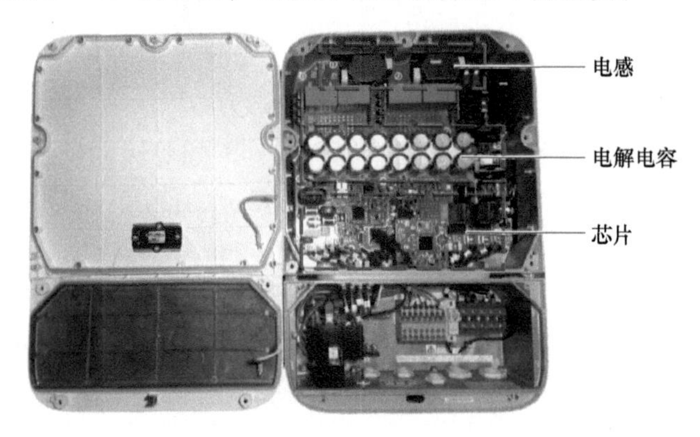

图 7-40 Sun2000-10KTL 内部结构

如图 7-41 所示为 PCB 背面布局和后壳内表面。电感底部的 PCB 局部被去掉，直接采用导热垫连接电感底部铁心和后壳凸台，强化了电感的热传导路径，如图 7-42 所示。该措施可以有效减少电感与后壳的温差，降低电感的温升。

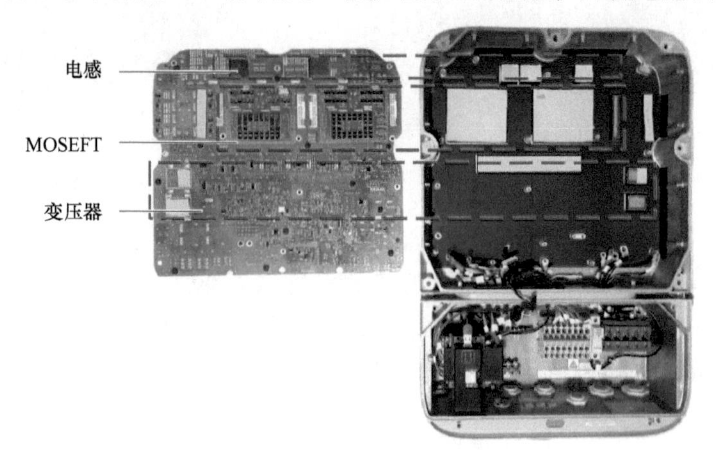

图 7-41 PCB 背面布局和后壳内表面

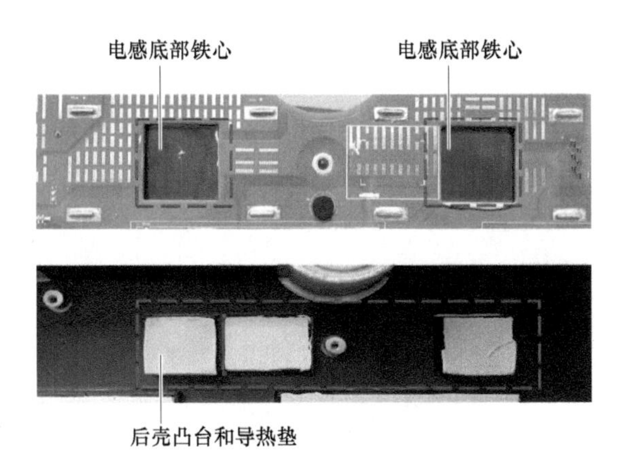

图 7-42　电感底部铁心与对应的后壳凸台

在 Sun2000-10KTL 的 PCB 背面布置了 124 颗功率器件 MOSFET，其热功耗接近整个产品的一半，如图 7-43 中虚线框所示显示。由于 MOSFET 的高热功耗，所以也被置于产品的上方区域，避免对其他元器件产生影响。两块尺寸为 100mm × 88mm × 2mm 的导热垫直接覆盖在 MOSFET 上方，如图 7-43 所示。MOSFET 的总热功耗接近 Sun2000-10KTL 热功耗的一半，但由于由 124 颗 MOSFET 分摊，热功耗密度大约为 0.6W/cm²。由于 Sun2000-10KTL 所用 MOSFET 采用了 PG-TD-SON-8 封装，其向 PCB 侧的热阻较小，向顶面的热阻较大。MOSFET 最优的热传导路径应是热量传递至底部，之后再强化设计与外壳的热传导路径。在实际产品中，考虑到 MOSFET 的功率密度不算很高，且 MOSFET 的最高允许工作温度为 150℃，以及安装布置的方便性，直接采用 MOSFET 的顶面为主要的散热路径。

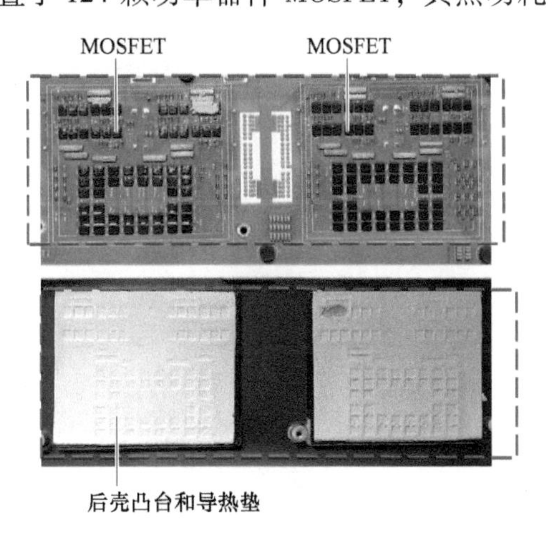

图 7-43　MOSFET 与对应的后壳凸台

位于 PCB 正面的变压器也有一定的热功耗，其主要热量通过热传导的方式进入 PCB 的背面，之后通过导热垫进入至后壳的凸台，如图 7-43 中下方虚线红框所示。考虑到 Sun2000-10KTL 的绝缘耐压等级要求，其后壳内表面除了凸台区域之外，采用黑色的绝缘片来保证耐压要求。虽然导热垫具有一定的绝缘等级，但还无法满足 Sun2000-10KTL 的设计要求。所以，在导热垫与凸台之间还有一层黄色绝缘层。

Sun2000-10KTL 的外壳采用压铸工艺加工，使用的材料为 ADC12，表面进行了喷漆以提高表面发射率，如图 7-44 所示。在后壳上部的外表面设计有散热齿片，齿片的厚度为 2.5mm，齿片之间的距离为 11mm，沿气流方向的长度为 330mm。充足的散热齿片面积可以有效地将 Sun2000-10KTL 的热功耗散至周围环境中。

图 7-44　Sun2000-10KTL 后部外壳

7.2.3　小结

严格来说，Sun2000-10KTL 的体积功率密度并不算太高，但其需要承受较恶劣的运行环境温度。整个产品的热设计架构较为清晰，尽可能将元器件热功耗通过热传导方式传递至外壳表面，之后再通过对流换热和热辐射进入至周围环境中。其中高热功耗的电感底部直接通过导热界面材料与外壳连接，电感所在的 PCB 区域被去掉。MOSFET 热设计架构的合理性有待商榷，可能是其功率密度相对较小，否则沿着 MOSFET 自身热阻较大的一侧设计散热路径并不合理。Sun2000-10KTL 的重量有 23kg，隐约可以感受到其强度散热能力。

第8章 通信电子产品的热设计

通信产品可以分为有线通信产品和无线通信产品。最初的通信产品都是有线的，随着市场需求的凸显，又出现了无线通信。无线通信摆脱了线缆的束缚，可以随时随地通信。通信产品的本质是能提供终端的语音和数据业务的服务。当然终端是多种多样的，会有很多衍生的产品，这些产品有很多其他特殊的功能，通信只是附属在其上。例如计算机安装不同软件可以实现很多功能，而连接互联网进行通信只是其功能的一部分。所以说通信产品也是电子产品，电子和通信在现代产业已经融合为一体了。

通信产品的种类繁多，应用场景各式各样。由于地区性的差异，不同的通信产品也要满足对应区域的相关标准。此外，作为摩尔定律应验最明显的行业，通信产品的热功耗密度上升非常明显。毫不夸张地说，通信产品的热设计需求比任何一个行业的产品都更为强烈。

8.1 通信基站

8.1.1 通信基站介绍

印度科幻电影《宝莱坞机器人2》讲述了鸟类学家帕克什·拉詹，专门从事鸟类研究工作，他发现手机通信发展会造成鸟类快速灭绝。于是他向社会各界人士呼吁对鸟类的保护、对自然环境的保护。可结果换来的只是一阵阵的嘲笑，被逼无奈的帕克什·拉詹只得选择自尽。死后他的怨念聚集形成鸟人，通过控制人类手机进行复仇。影片结尾拉詹将整个城市的手机通信基站进行串接，在获得巨大能量之后与机器人七弟在体育馆决战。

图8-1 《宝莱坞机器人2》中的通信基站

通信基站是无线电台站的一种形式，是指在一定的无线电覆盖区中，通过移动通信交换中心，与移动电话终端之间进行信息传递的无线电收发信电台。简单地说，基站是用来保证在移动的过程中手机可以随时随地保持信号连接，保证通话以及收发信息等需求。

通常通信基站设备包含三个系统，基带处理单元（BBU)、射频拉远单元(RRU)、天馈系统，如图8-2所示。基带处理单元主要完成信道编解码、基带信号的调制解调、协议处理等功能，一般都放置在机房。射频处理单元主要就是将接收来自或发送给基带处理单元的数字/模拟信号进行变频、对射频信号进行调制解调，然后将这些要发送/接收到的射频模拟信号进行功率放大/低噪声放大，最终经由滤波器传送至天馈系统进行发射。天馈系统主要就是天线和馈线，天馈系统的目的就是将接收至射频单元的无线信号集中起来，然后辐射出去，也能将手机发送过来的信号集中起来传送给射频单元进行处理。射频处理单元和天馈系统都外置于户外。

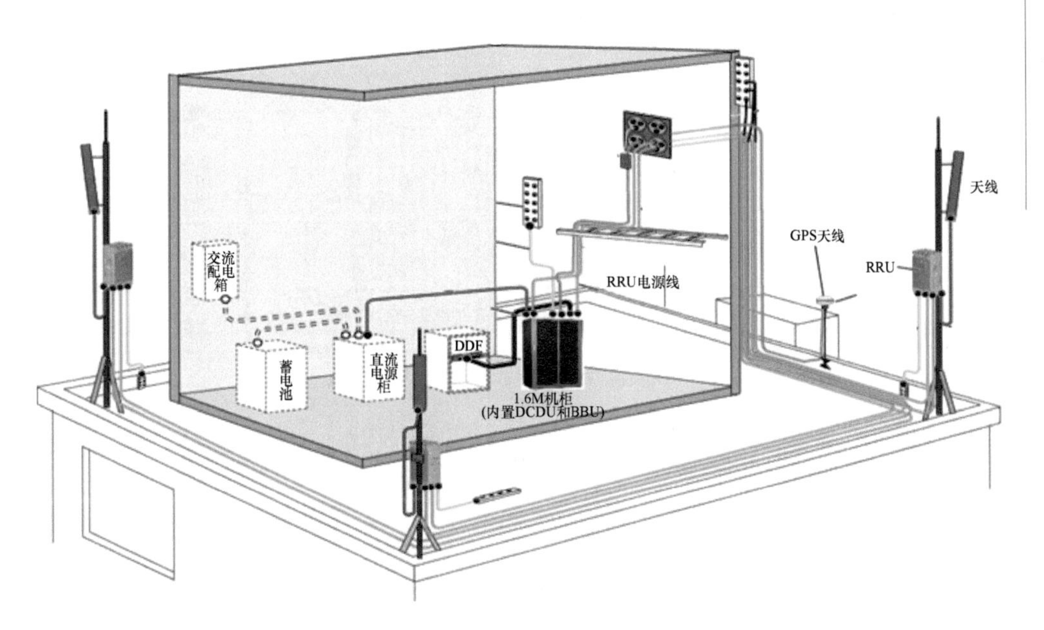

图 8-2　通信基站系统

8.1.2　射频拉远单元热设计方案解析

8.1.2.1　3182-e 射频拉远单元介绍

3182-e 是一款 4G 网络的射频拉远单元，图 8-3 为 3182-e 的实物图。如图 8-4 所示，其外形尺寸分别 390mm×210mm×135mm。3182-e 的质量和体积分别为 10kg 和 11L。正常工作平均热功耗为 370W，最大热功耗为 570W。

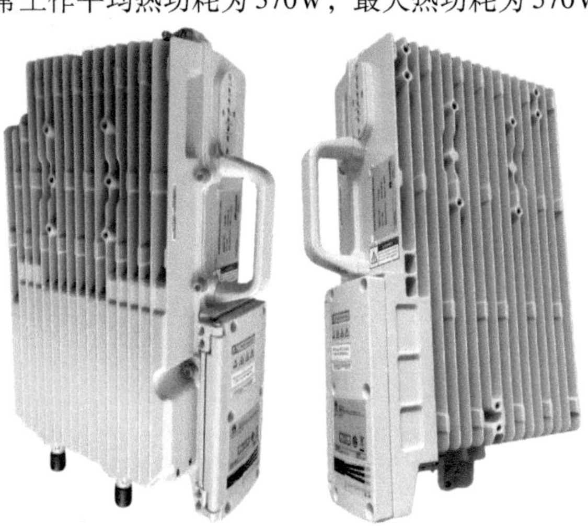

图 8-3　3182-e 实物图前部（左）和后部（右）

3182-e 的应用环境参数如下：正常工作条件下，长期工作时的温度范围为 -40 ~55℃，3182-e 处于偶然现象导致的极端环境时短期工作温度范围为 -40 ~70℃，短期连续工作不允许超过 96h，并且一年累计不超过 15 天。工作的相对湿度和大气压力范围分别为 2% ~ 100% 和 70 ~ 106kPa。其工作的海拔小于 4000m，在 -60 ~1800m 的范围内可以正常工作，海拔在 1800m 以上时，每增加 220m，最高允许工作温度下降 1℃。3182-e 应用户外环境，其防护等级为 IP65，可以有效防护环境粉尘、雨水的影响。

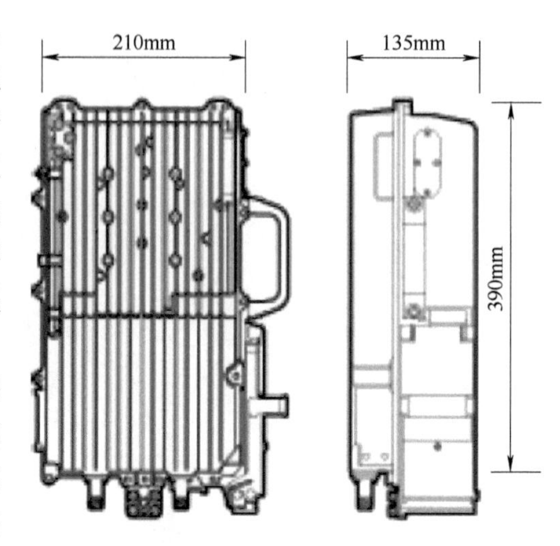

图 8-4　3182-e 结构尺寸

基于散热等方面的考虑，实际射频拉远单元在应用环境中还需要与周围物体保持一定距离，如图 8-5 所示。

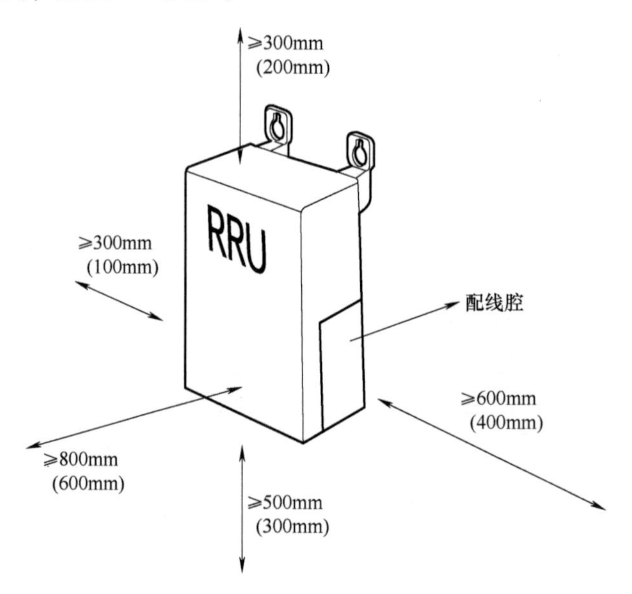

图 8-5　3182-e 安装空间要求

8.1.2.2　3182-e 射频拉远单元重要部件

3182-e 的内部结构主要由四部分组成：电源模块、数字射频板、功放板和滤波器单元。外部接口有电源输入端口、光纤输入/输出端口、天馈接口等。

3182-e的电源模块是外购VAPEL的型号NPW340-28A-2，其主要作用是将交流电转换为3182-e内部其他单元所需的直流电，如图8-6所示。其输入为交流电压200～240V，最大电流为4A，输出为直流电压为18～31V，电流为0～13.1A，最大输出功率为340W。电源模块的效率在90%以上，所以电源的热功耗在30W左右。

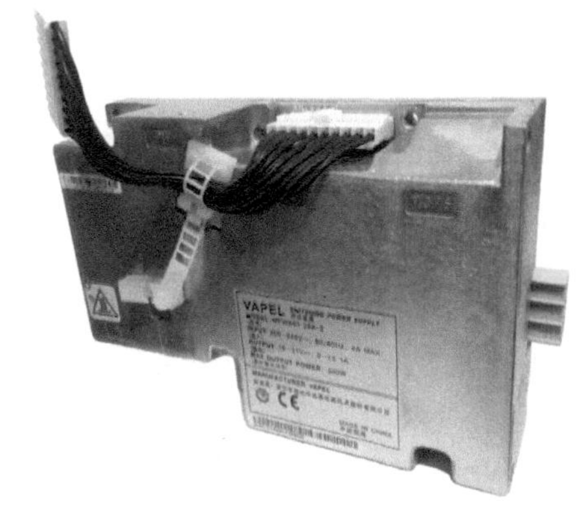

图8-6　电源模块

如图8-7所示为数字射频板，发热元器件主要集中在数字射频板的底面，即靠近3182-e壳体一侧。其中红框标识的A和B分别为数字和射频FPGA芯片。A框芯片为HiSilicon的芯片，热功耗约为15W。B框芯片为ALTERA的Arria芯片，热功耗约为15W，结点温度T_J的范围为－55～125℃。D框芯片是TI TLK10002收发器芯片，其热阻信息如图8-8所示。A、B、D三颗封装芯片顶面均采用金属盖，其主要散热路径往芯片上表面。C框芯片是HiSilicon的1210RB1。在数字射频板的左下角是光模块鼠笼的位置，可插两个10G的SFP光模块，每个光模块发热量在1W左右。由于是工业级光模块，所以表面最高耐温等级可以达到85℃。如图8-7所示，数字射频板顶面的主要元器件封装为QFN或者QFP，芯片热量通过焊盘和热过孔传递到射频板的底面。由于射频板底面大面积覆有铜皮，通过螺钉锁固在3182-e壳体上，这样一来可以增强接地，二来可以增加导热性能。

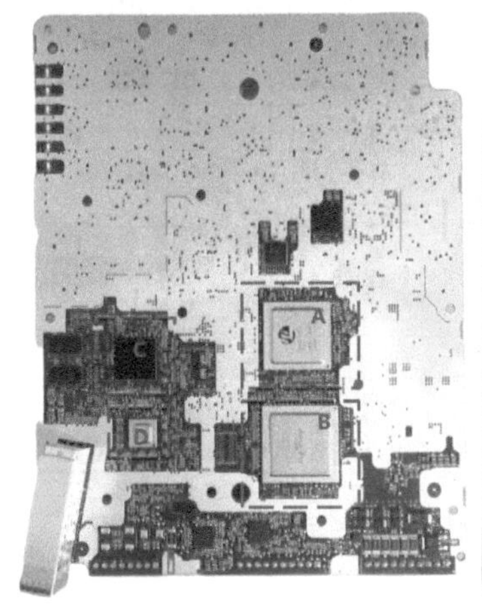

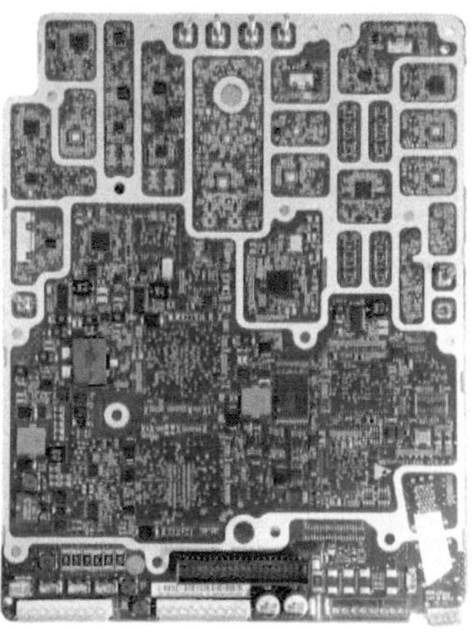

图8-7　数字射频板底面（左）和顶面（右）

THERMAL METRIC[1]		TLK10002 PBGA 144 PINS	UNITS
θ_{JA}	Junction-to-ambient thermal resistance	25.5	°C/W
θ_{JCtop}	Junction-to-case (top) thermal resistance	2.8	
θ_{JB}	Junction-to-board thermal resistance	18	
ψ_{JT}	Junction-to-top characterization parameter	1.8	
ψ_{JB}	Junction-to-board characterization parameter	13.7	

图 8-8　TI TLK10002 的热阻信息

如图8-9所示为功放板顶面，3182-e大约2/3的热功耗集中在功放板上。其中C框标识的区域为4颗推进级芯片，采用的是AMPLEON的BLP9G0722-20G芯片，其最大允许结点温度 T_J 可以达到225℃，每颗芯片的发热量在15W左右，其热阻如图8-10所示。B框标识的区域为4颗放大级芯片，采用的是AMPLEON的BLF7G24LS-100芯片，其最大允许结点温度 T_J 可以达到200℃，每颗芯片的发热量为30W左右，其热阻如图8-11所示。如图8-12所示，A框芯片为TI的AMC7812芯片。由于该颗芯片采用的是QFN封装，其底面侧（θ_{JCbot}）的热阻要小于顶面侧（θ_{JCtop}），如图8-13所示。如图8-14所示，功放板厚度仅为0.8mm，但其背面贴附有8mm厚的铜板，起到功放板均温的目的。

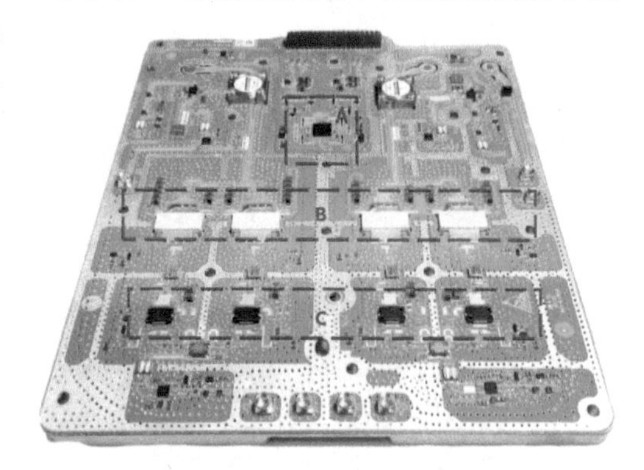

图 8-9　功放板顶面

Symbol	Parameter	Conditions	Typ	Unit
$R_{th(j-c)}$	thermal resistance from junction to case	T_{case} = 80 °C; P_L = 3 W	1.1	K/W

图 8-10　推动级芯片热阻

Symbol	Parameter	Conditions	Typ	Unit
$R_{th(j-c)}$	thermal resistance from junction to case	T_{case} = 80 °C; P_L = 100 W	0.3	K/W

图 8-11　放大级芯片热阻

如图8-15所示，滤波单元位于功放板的下方，主要作用是对信号进行滤波。一般滤波器的热功耗占整机热功耗的10%左右。

图 8-12　TI 的 AMC7812 芯片

THERMAL METRIC(1)		AMC7812		UNITS
		RGC(QFN)	PAP(HTQFP)	
		64 PINS	64 PINS	
θ_{JA}	Junction-to-ambient thermal resistance	24.1	33.7	°C/W
θ_{JCtop}	Junction-to-case(top)thermal resistance	8.1	9.5	
θ_{JB}	Junction-to-board thermal resistance	3.2	9.0	
ψ_{JT}	Junction-to-top characterization parameter	0.1	0.3	
ψ_{JB}	Junction-to-board characterization parameter	3.3	8.9	
θ_{JCbot}	Junction-to-case(bottom)thermal resistance	0.6	0.2	

图 8-13　AMC7812 的热阻值

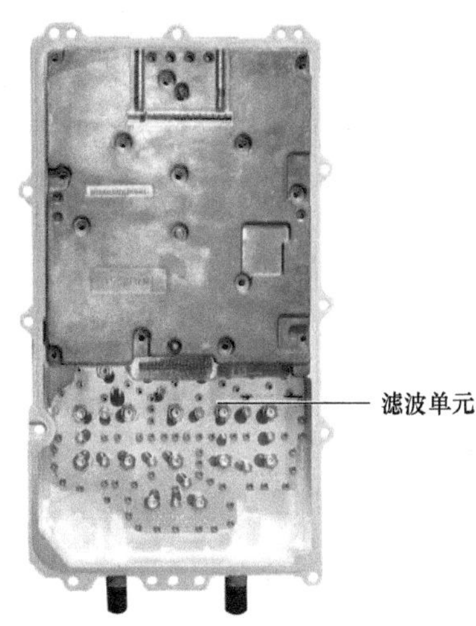

图 8-14　功放板和背面铜板

图 8-15　滤波单元

8.1.2.3　3182-e 射频拉远单元的热设计架构

3182-e 采用风冷自然对流冷却技术，内部的热功耗元器件通过热传导的方式将热量传递至外壳表面，之后再通过自然对流和热辐射的方式进入至周围环境空气中。由于射频拉远单元的应用环境限制，其 IP65 的防护等级意味着整个产品处于密闭状态，所以基于可靠性的考虑，产品也不适宜采用风扇进行风冷强迫对流冷却技术。以上两个产品特性需求给 3182-e 的热设计带来了非常大的挑战。

3182-e 的结构可以分为前后两部分（见图 8-16），两者通过螺钉进行紧固，并且两者之间采用密封胶条提升紧固之后的密闭性，以保证产品 IP65 的防护等级。3182-e 的前部主要由屏蔽盖、功放板和滤波器组成，后部主要由屏蔽盖、电源模块、数字射频板组成。

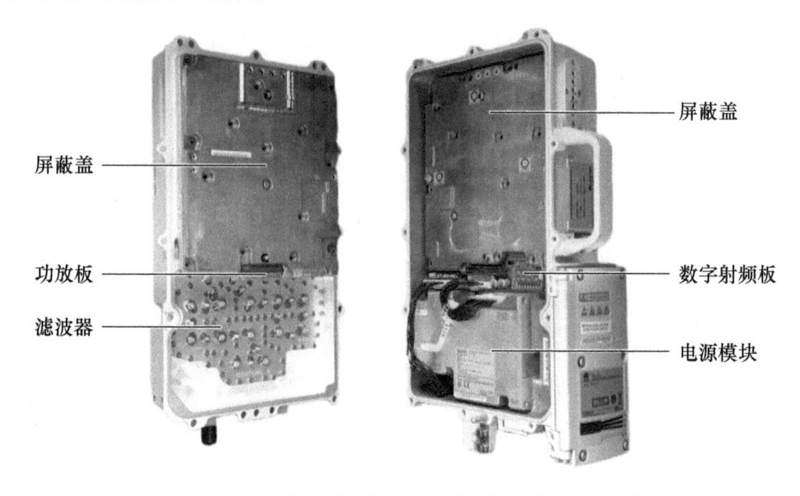

图 8-16　3182-e 的前（左）和后（右）两部分

如图 8-17 所示，后部的电源模块直接贴附在外壳的内表面，通过螺钉紧固，并且两者之间涂抹了导热硅脂，减少了电源模块与后部外壳内表面的接触热阻。电源模块的内部元器件将热量传导至模块的金属外壳，之后通过导热硅脂，传递至后部半固态铝合金外壳，最终通过自然对流和热辐射的方式进入周围环境。屏蔽盖下方是数字射频板，数字射频板的发热元器件主要集中在其背面，如图 8-18 所示。图中红框所标识区域内的 4 颗高热功耗芯片的顶面与后部外壳之间填充有蓝色 2mm 厚的导热垫（Thermal PAD）。如前文所述，这 4 颗芯片的热阻 R_{JC} 相对较小，芯片热量传递至芯片顶面之后，通过导垫进入 3182-e 的后部外壳，最终也是以自然对流和热辐射的方式进入周围环境。由于这 4 颗芯片的高度有差异，以及生产和装配的公差原因，所以芯片与 3182-e 后部外壳内表面的中间填充的是导热垫，而非导热硅脂。其主要原因是导热垫可以吸收一部分的高度公差（导热凝胶因为容差能力强，浸润性好和较好的导热能力，近年来在射频拉远单元上得到广泛运用）。图 8-18 的左下角是光模块鼠笼所在位置，在鼠笼和外壳之间也填充有导热垫，以帮助 2 颗 SFP 光模块的散热。

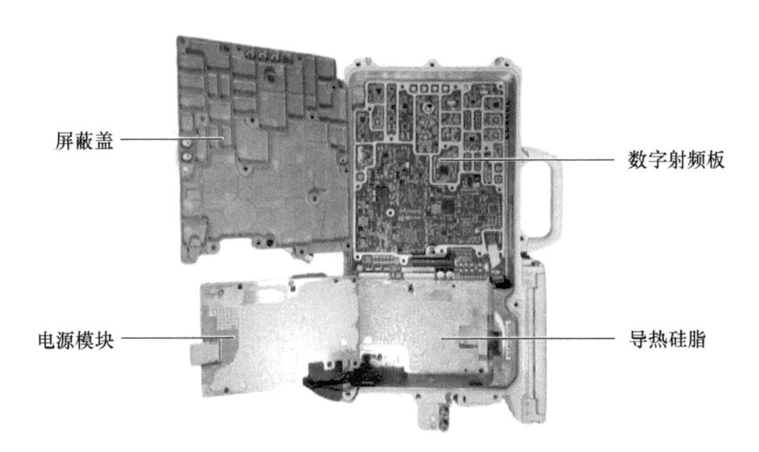

图 8-17　数字射频板顶面

3182-e 的外壳采用压铸工艺生产，但与传统压铸所用的 ADC 12［热导率为 96W/(m·K)］材料所不同，其外壳采用半固态的铝合金材料，其热导率可以达到 130W/(m·K) 左右，从而尽可能使外壳温度均匀。如图 8-19 所示，3182-e 后部外壳表面基本布满齿片。齿片厚度为 1.2mm，沿气流流动方向的长度为 390mm，高度为 45mm。由于采用自然对流冷却技术，齿片的节距（齿片间距 + 齿片厚度）相对会大一些，此产品中节距为 13mm。后部外壳表面喷涂高发射率（0.9）的防护漆，以提高壳体通过热辐射向周围环境散热的能力。

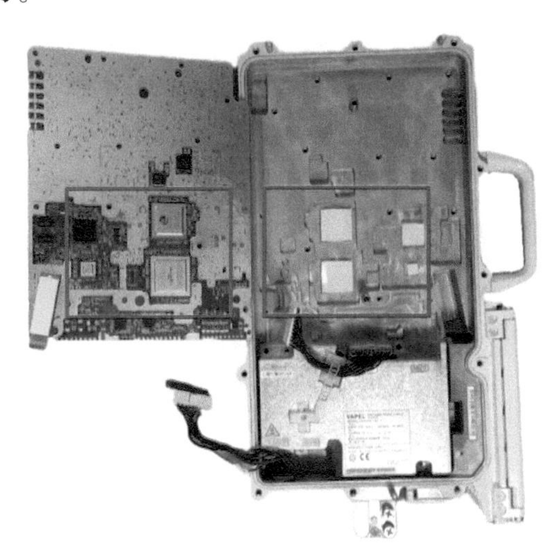

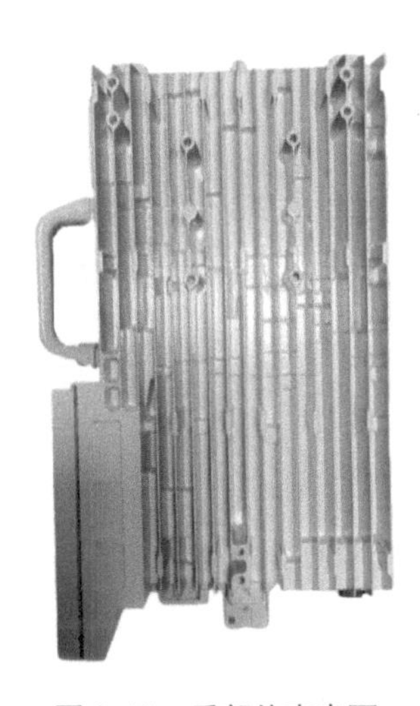

图 8-18　数字射频板的背面与后部外壳内表面

图 8-19　后部外壳表面

如图 8-20 所示，3182-e 的前部由屏蔽盖、功放板和滤波器组成。功放板的热功耗主要集中在图中红框标识的区域，其中推动级和放大级芯片的特点是向功放板侧的热阻较小（即 R_{JCbot}较小）。如图 8-21 所示，为了尽可能缩短放大级芯片的传热路径，芯片底部的局部功放板被去掉，底部直接与功放板背部的铜板连接。推动级芯片采用相类似的方式来缩短芯片与功放板背部铜板的传热路径。功放板的热量相对比较集中，但是其背部 8mm 铜板可以有效地起到均温作用，并且将热量传递至前部壳体的外表面，最终以自然对流和热辐射的方式进入至周围环境。如图 8-22 所示，功放板底部与前部外壳的内表面之间涂覆有导热硅脂。如图 8-23 所示，3182- e 前部外壳表面有一半面积布满齿片。齿片厚度为 1.2mm，沿气流流动方向的长度为 190mm，高度为 45mm。虽然功放板的热功耗要比数字射频板要多，但是功放板上推动级和放大级芯片耐温等级要高，所以功放板所在前部壳体的齿片面积反而比数字射频板所在的后部壳体要少。

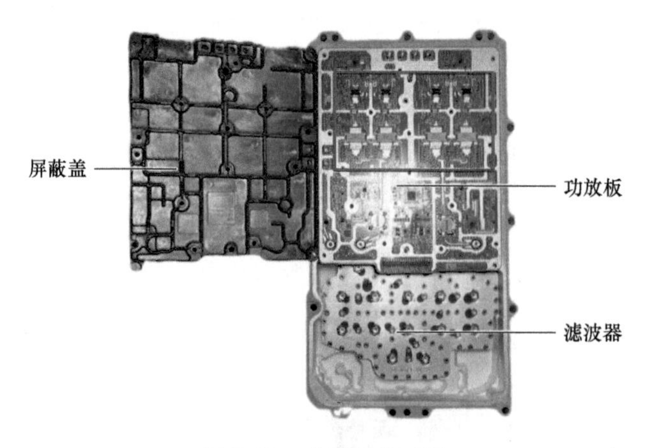

图 8-20　功放板的正面

图 8-21　放大级芯片细节

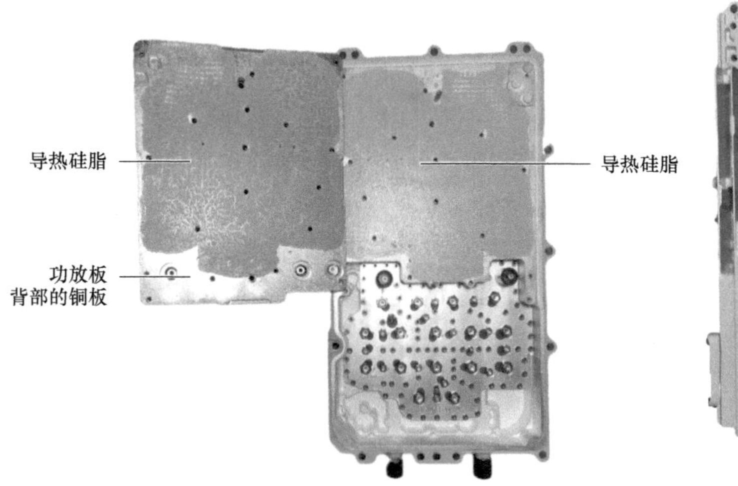

图 8-22　功放板的底部与前部外壳的内表面

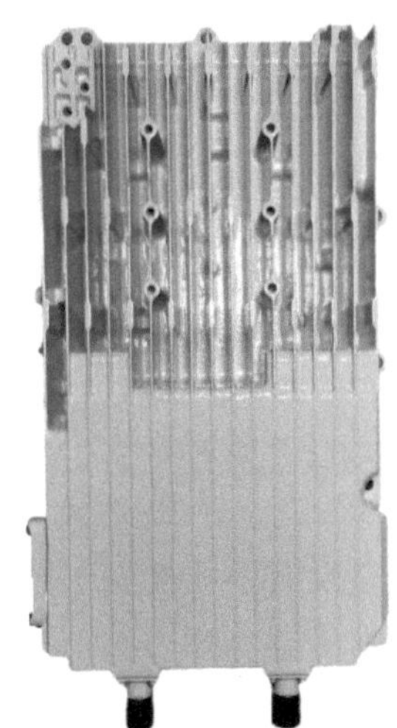

图 8-23　3182-e 前部外壳表面

8.1.3　小结

3182-e 的热设计核心理念可以概括为“相离、相近”。

功放板的热功耗大，但元器件耐温性相对较高。与功放板相比，数字射频板的热功耗要小，但元器件耐温性较差。为了避免两者之间相互影响，特别是功放板对于数字射频板的热量传递。3182-e 的前后两部分壳体除了边缘相接处，不存在其他直接接触的区域，两者之间在结构上尽可能相互独立，此为“相离”概念体现一。对于采用自然对流冷却技术，竖直放置的 3182-e 而言，沿高度方向的下半部散热条件好于上半部。因此从热设计架构上，耐温规格低、热功耗小的元器件优先置于下半部；温规格高、热功耗大（避免引起的空气温度升高，影响其他元器件）的元器件置于上半部，保证冷区域和热区域的隔离，此为“相离”概念体现二。光模块最大允许工作温度的规格低，是热设计的难点且容易受到周边其他高热功耗元器件的影响。因此需要与 FPGA 等保持一定的“安全距离”，避免光模块区域的壳体温度过高，此为“相离”概念的体现三。

对于功放板或数字射频板而言，应尽可能地缩短其上元器件与外壳之间的传热路径，并且采用高热导率的材料来构建这一传热路径，即减小元器件与外壳之间的温差，此为“相近”。

3182-e 由于应用环境的要求，只能采用自然对流冷却技术，产品内部元器件的热量传热路径清晰，热设计合理且可靠。该产品的体积热功耗密度达到了 33.6W/L，属于行业较高的水平。

8.2 服务器

8.2.1 服务器介绍

影片《窃听风云1》中梁俊义（刘青云饰），杨真（古天乐饰）和林一祥（吴彦祖饰）三人负责代号为“追风”的监听行动，一次偶然机会获悉上市公司后期股票走势信息。三人不顾警察身份，重金买入上市公司股票获利。警局高层怀疑监听行动有内鬼，要求参与监听行动的所有人将个人计算机交至警局。杨真将存有重要监听信息的台式计算机上交后离开，身后背影是一排正在工作的服务器机柜（见图8-24）……

图8-24 《窃听风云1》中的服务器机柜

服务器属于计算机的一种，是在网络中为客户端计算机提供各种服务的高性能计算机，例如进行数据和信息的存储和处理。相对于普通的计算机而言，服务器在稳定性、安全性和性能方面都要求更高。

根据CPU采用的计算指令集不同，分为X86架构服务器和非X86架构服务器。目前X86架构CPU以国外芯片巨头Intel、AMD为代表，国内芯片厂商海光、兆芯近年来也在开发X86架构的CPU，并取得了很多突破性的进展，正在全面推进商业化。非X86架构的CPU，国外巨头IBM开发了OpenPower架构的CPU，国内以华为、龙芯、神威、飞腾为代表，分别推出了基于ARM架构、MIPS架构、ALPHA架构的CPU，在不同领域也取得了实际性的应用，尤其在涉密部门，在国产化替代中起着至关重要的作用。由于X86架构具有更丰富的软件生态系统，目前在市场上占有率超过95%，不过随着非X86架构软件生态不断丰富，情况也会有所改观。

根据服务器的外观可以分为塔式（Tower）、机架式（Rack）和刀片式（Blade）三种。如图 8-25 所示为塔式服务器，其外形结构与普通计算机类似，由于需要预留更多的扩展空间，其尺寸会比普通计算机更大。如图 8-26 所示为机架式服务器，由于需要放置于 19in 宽的标准机架中，其宽度统一为 19in，高度以 U 为单位（1U = 1.75in = 44.45mm），通常有 1U、2U、3U、4U、5U、7U 等标准的服务器。机架式服务器采用统一标准来设计，不仅仅节省空间，而且也便于统一管理，适用于服务器数量较多的大型企业使用。如图 8-27 所示为刀片式服务器，是指在标准高度的机架式机箱内插装多个卡式的服务器单元，实现高利用率和高密度。每一块“刀片”实际上就是一个系统，类似于一台台独立的服务器，每一台刀片服务器运行自己的系统，可以服务于不同客户群，相互之间没有关联。

图 8-25　塔式服务器

图 8-26　机架式服务器

图 8-27　刀片式服务器

8.2.2 机架式服务器热设计方案解析

8.2.2.1 PowerEdge R710 机架式服务器介绍

PowerEdge R710 机架式服务器是 DELL 第 11 代服务器的典型代表，图 8-28 为 R710 内部实物图。其高度为 86.4mm（3.4in），即属于 2U 机架式服务器；宽度为 482.4mm（18.99in），符合 19in 标准机架标准；最大深度为 720.6mm，在最大配置情况下的质量为 26.2kg。图 8-29 所示为 R710 的组成部件示意图。

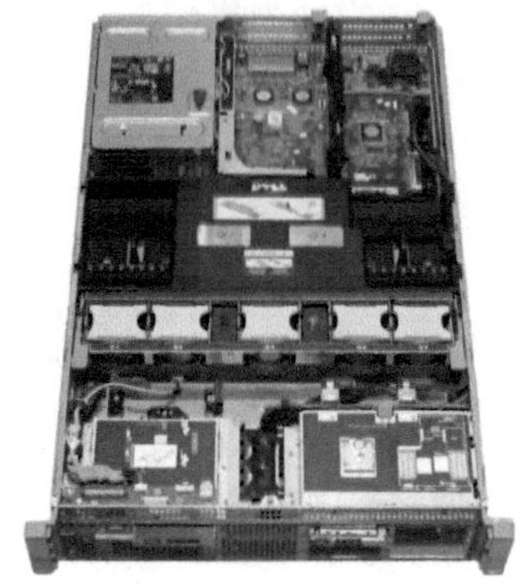

图 8-28　R710 内部实物图

如图 8-30 所示为 R710 在布置于机架中的实际应用环境。其在高输出和节能模式（Energy Smart）下的输入功率分别为 870W 和 570W，输入功率绝大部分转换为热功耗，少部分风扇的输入功率转换为机械能。

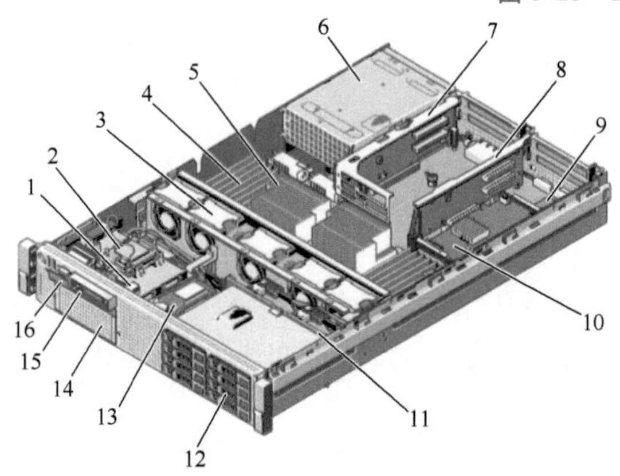

图 8-29　R710 组成部件示意图

1—用于可选内部 USB 钥匙的 USB 连接器　2—内部 SD 模块　3—可热插拔的冷却风扇（4 个或 5 个）　4—内存模块（总数最多可达 18 个，每个处理器 9 个）　5—处理器（1 个或 2 个）　6—电源设备托架（2 个）　7—提升板 2（PCle 插槽 3 和 4）　8—提升板 1（PCle 插槽 1 和 2）　9—iDRAC6 企业卡（选件）　10—集成存储控制器卡　11—SAS 背板　12—SAS 或 SATA 硬盘驱动器（最多 8 个）　13—RAID 电池（仅限 PERC）　14—用于可选磁带备份装置的可更换托架　15—控制面板　16—细长型光盘驱动器（选件）

如图 8-31 所示为 R710 应用的环境温度和相对湿度要求。其最高的环境温度不超过 35℃。如果 R710 工作在海拔 2950ft 以上，由于空气密度变小的原因，相应的散热能力也会减弱。此时，R710 所能工作的最大环境温度为 32℃。

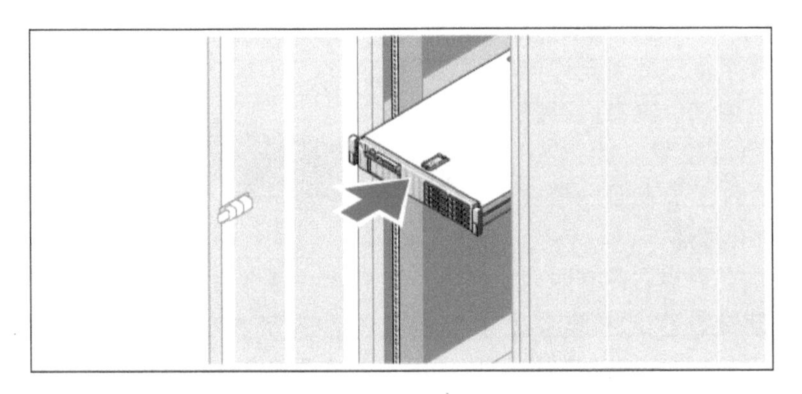

图 8-30　R710 在布置于机架中的实际应用环境

环境参数	
注：有关特定系统配置的环境测量值的其他信息，请参阅 www.dell.com/environmental-datasheets	
温度	
运行时	10~35°C(50~95°F)，每小时最大温差不超过10°C 注：海拔高度在2950ft以上时，每升高550ft，最高操作温度降低1°F
存储时	-40~65°C(-40~149°F)，每小时最大温差不超过20°C
相对湿度	
运行时	20%~80%(非冷凝)，每小时最大湿度变化不超过10%
存储时	5%~95%(非冷凝)，每小时最大湿度变化不超过10%

图 8-31　R710 最恶劣工作环境条件

8.2.2.2　PowerEdge R710 机架服务器重要部件

R710 内部的重要部件有 CPU、内存、硬盘、电源模块和 PCI 卡等。CPU 是主频为 2.26GHz 的至强 E5520 处理器，如图 8-32 所示。E5520 处理器的热设计功耗（Thermal Design Power）为 80W，外壳表面最高允许温度（T_{case}）为 72℃，一般是指处理器顶面中心红点位置的温度，如图 8-32 所示。

图 8-32　E5520 处理器顶面（左）和底面（右）

R710 有 18 根内存插槽，最大支持 144GB 内存容量，如图 8-33 所示。一般情况下，内存表面最高允许温度为 85℃，测试位置在内存颗粒的表面中心位置。此 R710 服务器中的内存条表面自带散热器，以强化散热。

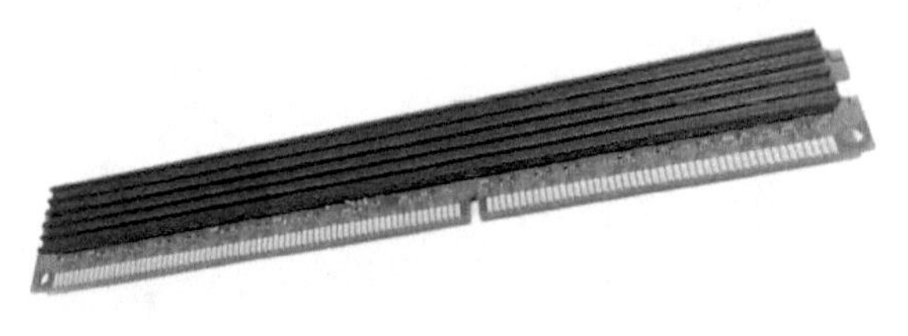

图 8-33　带散热器的 DDR3 内存条

R710 的前面板右侧有两列合计 8 个硬盘仓位，本服务器中仅插了 1 个容量 500GB 的 SATA 硬盘，如图 8-34 所示。硬盘的两路额定电压和电流分别为 5V、0.8A 和 12V、0.2A，所以硬盘的额定热功耗为 6.4W。外壳表面最高允许温度为 60℃，一般是指硬盘后端面凹槽红点位置的温度，如图 8-34 所示。

R710 有两个电源位，可以实现电源冗余，增加服务器的稳定性。本服务器中使用了一个 870W 的开关电源。开关电源采用一颗轴流风扇进行冷却，如图 8-35 所示。

图 8-34　SATA 硬盘前面（左）和后面（右）

图 8-35　开关电源的出风面（左）和进风面（右）

PCI 卡起到扩展服务器的功能，R710 有 4 个 PCI 卡槽位，本服务器使用了一个 PCI 卡，如图 8-36 所示。

图 8-36　PCI 卡

8.2.2.3　PowerEdge R710 机架服务器热设计架构

R710 采用强迫风冷的冷却技术，整个产品采用 5 颗 6038 风扇进行冷却，开关电源采用 1 颗 6038 风扇进行冷却。如图 8-37 所示，由于风扇模块的作用，环境冷空气从 R710 的前部硬盘和 DVD 所在的 A 区域进入，经过风扇模块 B 区域之后，冷却 C 区域的高热功耗 CPU 和内存，最后通过开关电源和 PCI 所在 D 区域之后离开服务器。

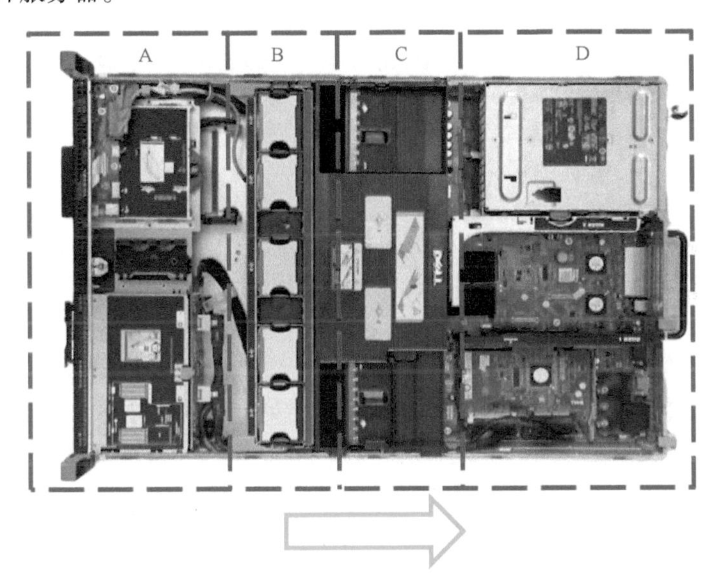

图 8-37　R710 热设计架构

如图 8-38 所示，R710 的前面板预留了 8 个硬盘仓位和 1 个 DVD 仓位，前面板其他区域开有 4mm×4mm 的矩形开孔，矩形开孔的阵列节距为 5mm，这是为了使更多的冷空气进入至 R710，以获得更好的冷却效果。在机壳上盖靠近前面板附近区域，增加了两排矩形开孔，如图 8-38 所示。在 8 个硬盘仓位后部有一块竖直放置的背板，为了保证系统可以获得足够的空气冷却，硬盘背板上有 6 个条状开孔，如图 8-39 所示。

图 8-38　R710 前面板和顶面开孔

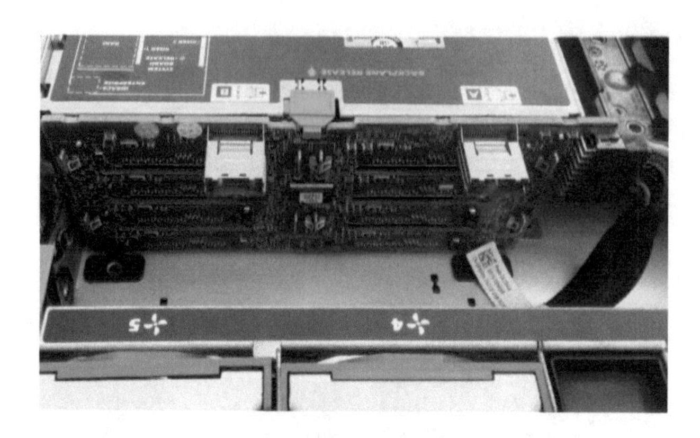

图 8-39　PCB 开孔

图 8-37 中的 B 区域是风扇模块的位置，提供了整个产品所需的冷却空气流量。由于 R710 的高度为 86.4mm，采用的风扇的宽度和高度尺寸为 60mm。为了避免风扇模块区域产生空气回流和短路，风扇之间有钣金件隔离，风扇和机壳底面之间粘贴泡棉，如图 8-40 所示。风扇模块通过两侧的蓝色卡扣进行固定，以方便进行拆卸和安装。每颗风扇支持热插拔，便于维护和更换。如图 8-41 所示为风扇规格和信息。假设每颗风扇实际工作流量为最大流量的 2/3，则 5 颗风扇的合计设计工作流量约为 0.107m^3/s。按 R710 热功耗为 870W，根据式（3-3）可以计算得到 R710 的进出口空气温差为 6.8℃，属于正常范围。

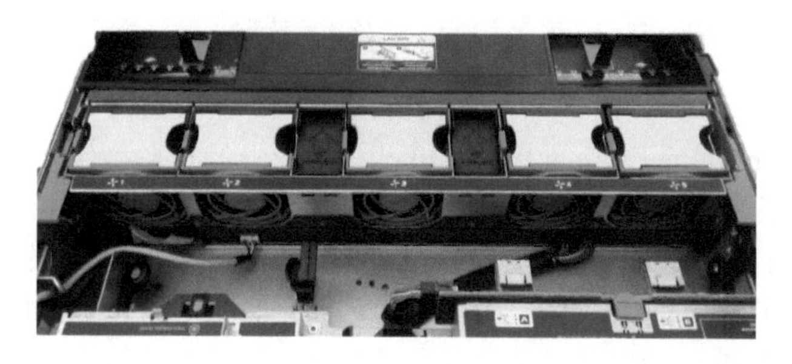

图 8-40　风扇模块

C 区域重点的热设计对象是 CPU 和内存所在的位置。由于 R710 的高度比内存的高度高 18mm，为了保证空气可以经过内存和 CPU 散热器，在内存的上方安装有导风罩管理气流，如图 8-42 所示。挡板的前端倾斜 45℃，以减小挡板引起的空气局部阻力损失。同时为了提升内存的散热效果，内存表面颗粒均黏附有铝挤型散热器。2 颗 CPU 分别加装了扣 Fin 散热器，如图 8-43 所示。扣 Fin 散热器工艺适合大规模生产，且可以在有限空间内提供较多的散热面积，在服务

ITEM	DESCRIPTION
RATED VOLTAGE	12 VDC
OPERATION VOLTAGE	10.8 - 13.2 VDC
INPUT CURRENT	1.40 (MAX. 1.68) A
INPUT POWER	16.80 (MAX. 20.16) W
SPEED	12000 R.P.M. ±10%
MAX. AIR FLOW (AT ZERO STATIC PRESSURE)	1.922 (MIN. 1.729) M^3/MIN. 67.85 (MIN. 61.06) CFM
MAX. AIR PRESSURE (AT ZERO AIRFLOW)	54.10(MIN. 43.82) mmH_2O 2.129(MIN. 1.725) $inchH_2O$
ACOUSTICAL NOISE (AVG.)	61.5(65.50 MAX.) dBA
INSULATION TYPE	UL: CLASS A

图 8-41　风扇规格和信息

器 CPU 的冷却中应用较为广泛。CPU 处理器和扣 Fin 散热器之间涂抹有灰色膏状导热硅脂，由于其含有大量高热导率的氧化铝粉，所以导热效率较高。

图 8-42　导风罩

图 8-43　CPU 的扣 Fin 散热器

D 区域的热设计对象主要是 PCI 卡和开关电源。R710 的 PCI 卡主芯片发热量较小，所以未使用散热器。开关电源属于外购模块，自带 1 颗 6038 轴流风扇进行冷却。与 A 区域的机壳顶部开孔类似，在 D 区域的 PCI 卡顶部处也开有大量矩形方孔，其目的也是为了让 R710 获得较多的空气流量，如图 8-44 所示。

图 8-44　R710 后面板和顶面开孔

8.2.3　小结

对于 PowerEdge R710 的热设计精髓可以概括为合理的气流组织。整个产品气流流向非常清晰，不存在任何气流回流的可能。为了使系统获得更多的气流，在硬盘背板上开孔，降低整个系统的流阻，并通过导风罩来管理气流，让更多的气流经过扣 Fin 散热器或者内存散热器。风扇模组将 R710 隔绝为前部负压和后部正压的两个区域，没有任何风扇区域的气流短路。除此之外，其充分利用机壳的上表面来争取更多的进出风面积，以获得更多的空气流量。暂时没有 R710 在最恶劣工作环境下的 CPU 处理器最高温度数据，不过就整个产品热设计的架构而言，还是能给人以足够的信心。

第9章 照明电子产品的热设计

照明电子产品基于照明电子技术产生，而照明电子技术是由电力电子技术、电光源和控制技术相结合的交叉学科。自 LED（Lighting Emitting Diode）作为光源的那一刻开始，照明电子产品的热设计就成了设计的重要环节。由于 LED 的核心是 PN 结，基于 PN 结的半导体元件具有很强的温度敏感性，随着工作温度的升高，LED 的性能会变差、可靠性劣化、故障率升高以及寿命缩短。如果说 LED 光源给照明产品带来了节能、环保、造型可塑性和长寿命等标签，那么 LED 照明电子产品的阿喀琉斯之踵就是散热。

9.1 LED 射灯

9.1.1 LED 射灯介绍

刘建明：“喂，做卧底有多久了？”

陈永仁：“我跟了韩琛三年多。之前跟过几个老大。”

陈永仁：“加起来差不多十年吧！”

刘建明：“十年？那应该我送礼给你才行啊！”

陈永仁：“恢复我身份就行！”

陈永仁：“我只想做个普通人！”

刘建明：“厌了？”

陈永仁：“你没做过卧底，你不懂……”

“香港电影永不过时的经典”是豆瓣影评对于《无间道》的评语。无论从题材、演员、商业性抑或是艺术性而言，《无间道》的表现都堪称完美。1991 年，香港黑帮三合会成员刘建明（刘德华饰）听从老大韩琛（曾志伟饰）的吩咐，加入警察部队成为黑帮卧底，韩琛许诺刘建明会帮其在七年后晋升为见习督察。1992 年，警察训练学校优秀学员陈永仁（梁朝伟饰）被上级要求深入到三合会做卧底，终极目标是成为韩琛身边的红人。2002 年，两人都不负众望，也都身负重压，刘建明逐渐想成为一个真正的好人，陈永仁则盼着尽快回归警察身份。“我想做个好人”，刘建明为了践行这句话，成功地将韩琛引出并且人赃并获。证据确凿，一代黑帮大佬终结于自己的卧底手中。如果影片就此结束，刘建明洗白身份成为一名真正的好警察，陈永仁恢复身份继续做一名好警察。经典影片的结局无非就两种，要么皆大欢喜，要么催人泪下，《无间道》无疑就是后者。陈永仁返回警局让刘建明恢复警察身份，当陈永仁说出那句“你没做过卧底，你不懂……”时，一切仿佛静止和凝固，桌上的 LED 台灯照在刘建明的脸上，但陈永仁却没有看清。

LED 是英文 Light Emitting Diode 的首字母缩写，中文名称为发光二极管。发光二极管是一种常用的发光器件，通过电子与空穴复合释放能量发光，可以高效地将电能转化为光能。目前 LED 在照明领域应用广泛，以 LED 作为光源的灯具已经取代了传统的节能灯。日常室内生活中，LED 台灯、LED 吸顶灯和 LED 射灯比比皆是。

LED 射灯具有节能、响应快速、指向性强和长寿命等特点，主要被安装在室内吊顶四周、家具上方、商店、展示橱窗、博物馆、宴会厅等商照场合，如图 9-1 所示。

图 9-1　LED 射灯

9.1.2　LED 射灯热设计方案解析

9.1.2.1　Philips LED 射灯介绍

Philips 在 2006 年推出的一款采用强迫风冷冷却的 LED 射灯。该射灯采用分体式设计，即驱动电源部分外置，因此强迫风冷只针对光源及壳体相关部件。其主要由 Fortimo SLM Gen 2 的 LED 光源、反射镜、散热器、风扇、风扇保护罩、壳体等组成，如图 9-2 所示。其推荐在室内环境中应用，建议的使用环境温度为 0 ~ 40℃。

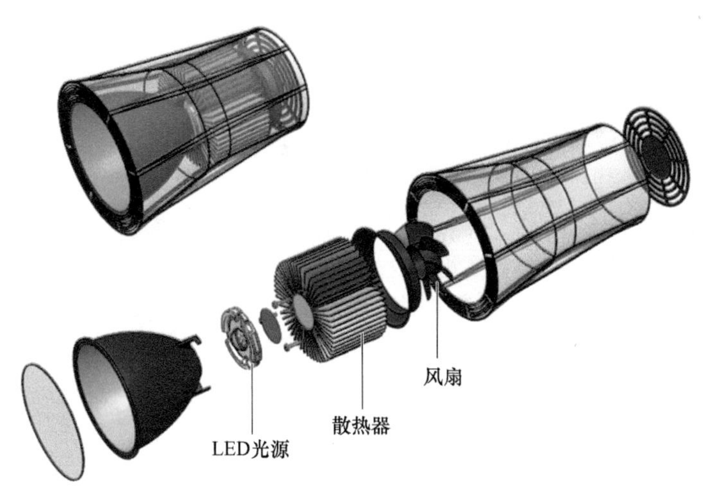

图 9-2　射灯外观（上）和爆炸图（下）

9.1.2.2　Philips LED 射灯重要部件

Fortimo SLM Gen 2 是 Philips 推出的重点照明模组系列的 LED 光源，实物图如图9-3所示。其主要由8颗LUXEON Rebel LED颗粒、MCPCB、透镜和塑料外壳（Holder）组成等组成，如图9-4所示。

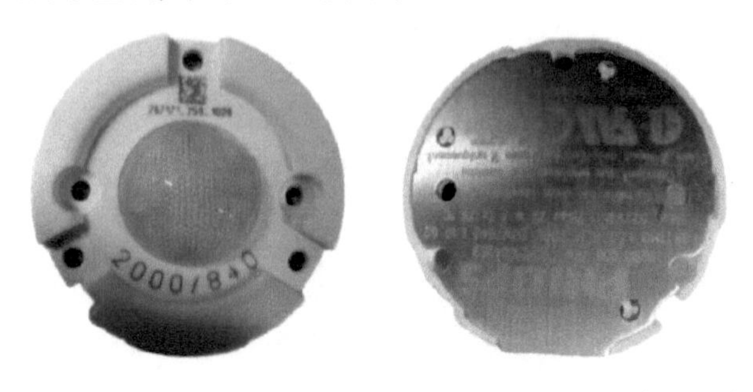

图9-3 Fortimo SLM Gen 2 实物图顶面（左）和底面（右）

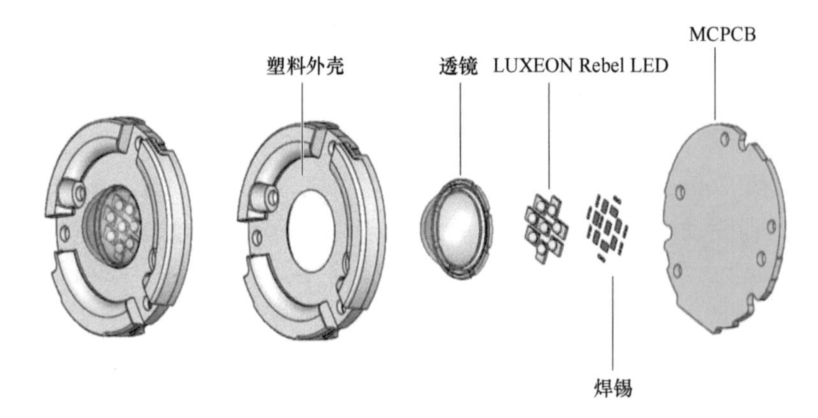

图9-4 Fortimo SLM Gen 2 爆炸图

LUXEON Rebel LED是Philips旗下Lumileds部门推出的LED颗粒，如图9-5所示。在LUXEON Rebel LED的底部有三个PAD，其中PAD 1和2作为供电的正负极。PAD 3的作用是散热，如图9-6所示。

图9-5 LUXEON Rebel LED外观

对于起照明作用的LED颗粒而言，希望在输入电功率确定的情况下，产生尽可能多的光能（流明）。由于LED的输入电功率会转换为光能和热能（热功耗），两者的比例受到LED颗粒温度的影响。如图9-7所示为LUXEON Rebel LED的Thermal PAD温度与输出光能之间的关系。当LUXEON Rebel LED的Thermal PAD温度为80℃时，其输出的光能只有在25℃时的90%。如图9-8所示，LUXEON Rebel LED在25℃时，700mA工作电流的输出光能为230lm。

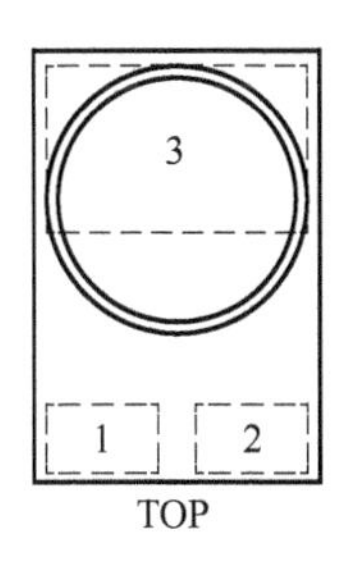

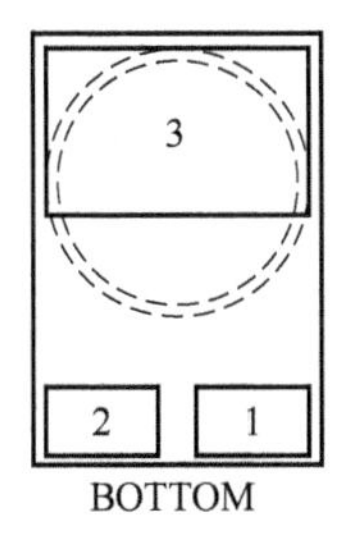

PAD	FUNCTION
1	CATHODE
2	ANODE
3	THERMAL

图 9-6　LUXEON Rebel LED 的 PAD 定义

Philips 的这款 LED 射灯实际工作中需要提供的光能是 1600lm，由于有 8 颗 LUXEON Rebel LED，所以每颗需要提供 200lm 的光能。根据图 9-7 和图 9-8 可知，LUXEON Rebel LED 的 Thermal PAD 温度在 80℃时，其输出的光能有 207lm。由此，可以确定在实际工作电流 700mA 下，LUXEON Rebel LED 的 Thermal PAD 的温度必须控制在 80℃以下，才能获得满足要求的光能。

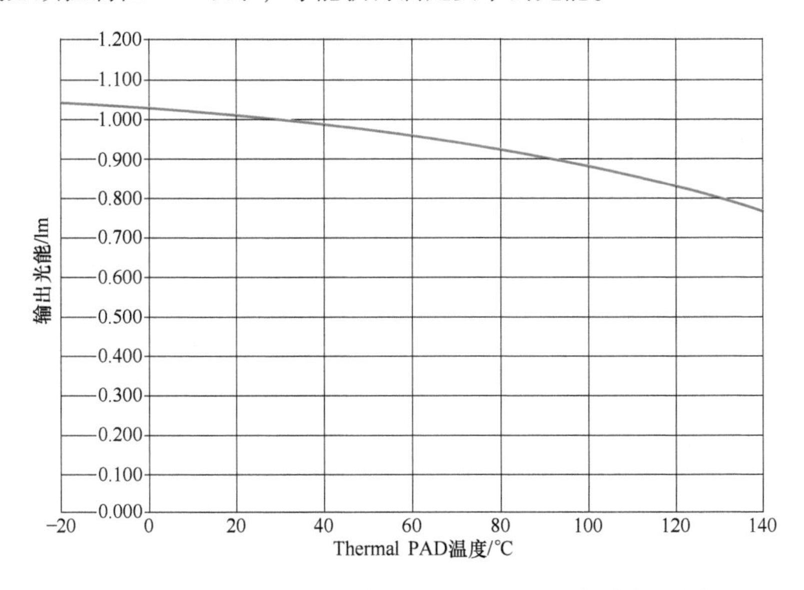

图 9-7　LUXEON Rebel LED 的 Thermal PAD 温度与输出光能关系图

金属基印制电路板（Metal Core PCB，MCPCB）是将原有的 PCB 附贴在另外一种高热导率的金属上，用于改善 PCB 的散热功能。其基本结构由导电铜层、绝缘层和金属基板所组成，如图 9-9 所示。由于在实际情况中 LUXEON Rebel LED 的 Thermal PAD 温度测试不便，所以通常会定义 MCPCB 的温度不超过限值，本产品中定义了 MCPCB 的底面中心温度必须低于 75℃，如图 9-10 所示。MCPCB 的温度测试建议采用热电偶线进行，在 MCPCB 的底座上开 V 形沟槽，

Nominal CCT/Color	Part Number	Typical Luminous Flux(lm) @350mA Forward Current[1]	Typical Luminous Flux(lm) @700mA Forward Current[1]	Typical Luminous Flux(lm) @1000mA Forward Current[1]
4100K Neutral White	LXML-PWN2	130	230	310
5650K Cool White	LXML-PWC2	135	235	320
2700K	LXW9-PW27	75	135	184
3000K	LXW9-PW30	81	145	197
3500K	LXW8-PW35	103	185	252
4000K	LXH7-PW40	114	205	279
4000K	LXW8-PW40	106	190	258
5000K	LXW8-PW50	111	200	272

图 9-8　LUXEON Rebel LED 在 25℃时，700mA 工作电流的输出光能

并且将热电偶线埋入其中，如图 9-11 所示。热电偶端部采用固体胶水与 MCPCB 的底座牢固黏结。

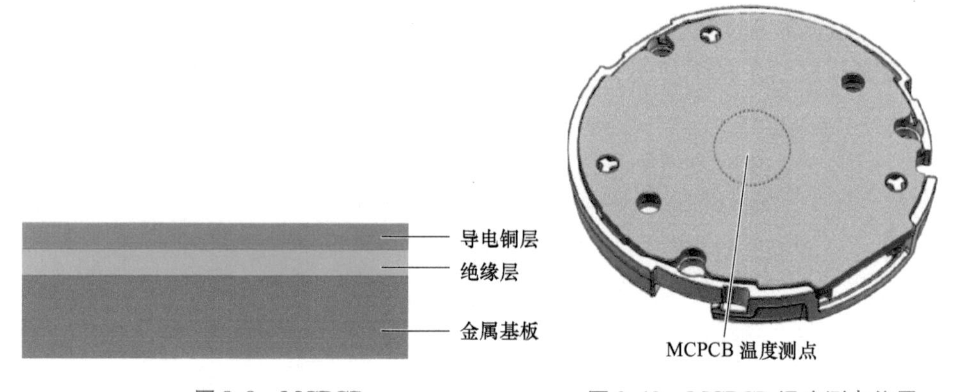

图 9-9　MCPCB　　　图 9-10　MCPCB 温度测点位置

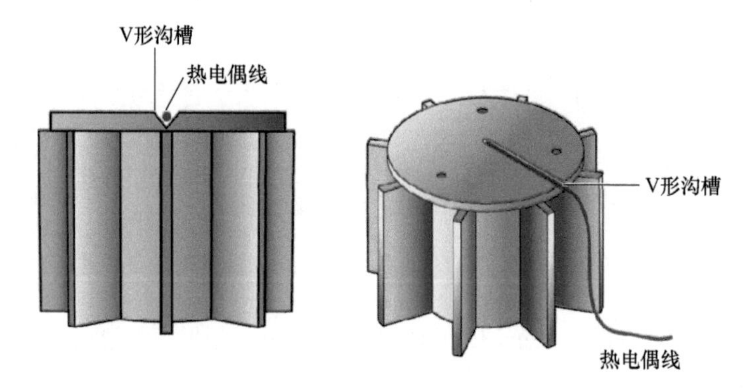

图 9-11　MCPCB 温度测试方法

在 LED 模组与散热器之间涂覆了导热硅脂，以减少两者之间的温差。Fortimo SLM Gen 2 采用了 Momentive（迈图）的 MT7000-A，如图 9-12 所示为该款导热硅脂的特性参数。该款硅脂在最初使用状态时热导率为 5.5W/(m·K)，在导热

硅脂内的溶剂挥发之后，其热导率可以上升为 7.0W/(m·K)。

TYPICAL PROPERTIES		
Appearance		Gray paste
Density(23°C)	g/cm^3	3.6
Viscosity(23°C)	Pa·s	160
Thermal conductivity	W/(m·K)	5.5(7.0^{*3})
Thermal Resistance(BLT:75μm)	mm^2·K/W	19
Bleed(150°C，24h)	wt%	0.0
Evaporation(150°C，24h)	wt%	0.7
Volume Resistivity	MΩ·m	1.0×10^3
Dielectric strength	kV/0.25mm	2.5
Volatile siloxane(D_4-D_{10})	ppm	30

图 9-12　MT7000-A 的特性参数

散热模组由散热器和风扇组成。风扇采用 Sunon 型号为 HA60151V3-E01U-A99 的轴流风扇，如图 9-13 所示。其最大流量为 13.2cfm，最大压力差为 0.03in H_2O。风扇的噪声（1m 远处）为 16.1dB（A）。标称的使用寿命为 60℃工作环境温度，连续工作 70000h。散热器材质采用铝合金 6061，加工工艺为铝挤型，齿片厚度 1mm，散热器高度和直径分别为 52.5mm 和 86mm，如图 9-14 所示。

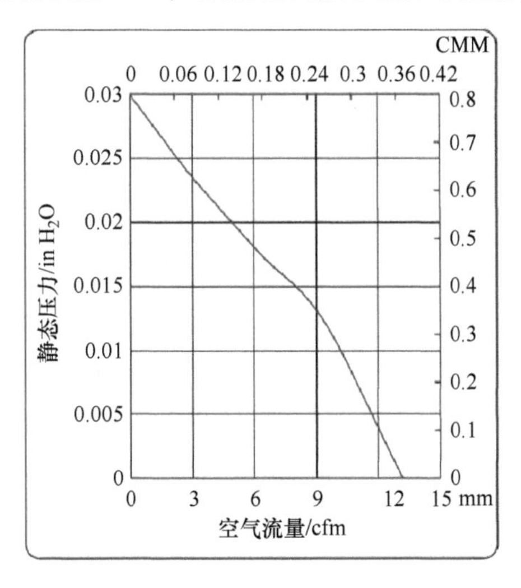

图 9-13　风扇特性曲线和外观

9.1.2.3　热设计架构

Philips 的这款射灯在满足光效要求的情况下，8 颗 LUXEON Rebel LED 产生的热功耗大约为 13W。采用强迫冷却技术可以有效地减少射灯的散热器尺寸，并且使射灯的安装角度也更为灵活多变。当然，强迫冷却技术由于会使用风扇，所以会产生一定的噪声和消耗更多的电能。

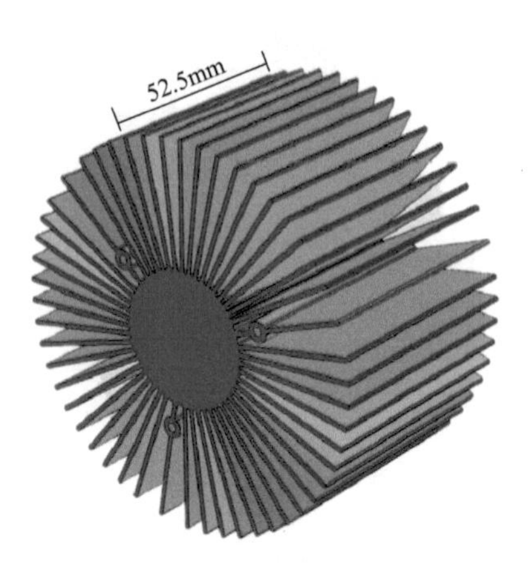

图 9-14　散热器尺寸参数

首先，LUXEON Rebel LED 产生的热功耗以热传导的方式通过底部的 Thermal PAD、焊锡进入至 MCPCB。由于 MCPCB 的金属基板具有良好的传热性能，热量在 MCPCB 板中进行良好的扩散。之后再以热传导的方式通过导热界面材料进入散热器。形似太阳花的散热器与轴流风扇相匹配，散热器齿片区域正对风扇出风区域。在风扇的工作情况下，散热器的热量通过对流换热的形式进入空气中，直至离开射灯。为了降低风扇噪声对于室内环境的影响，除了采用低噪声的风扇之外，还要对风扇进行了 PWM 转速控制，在 Fortimo SLM Gen 2 处于低温时，风扇以低转速运行。

射灯内部的气流组织具有明显的单向性，不存在热空气回流的可能性。壳体与散热器之间的间隙只有 1mm，从而保证风扇出来的空气都通过齿片。射灯的空气出风口位于其前部，空气自进入射灯到最终离开射灯主要流动方向未发生变化。

9.1.3　小结

Philips 推出的这款射灯距今已经有一段时间，当时由于 LED 效率降低，以及基于射灯体积和重量的考量，采用强迫风冷是一种比较好的散热方式。其中 Sunon 公司提供射灯的冷却模组（风扇 + 散热器）的气流组织和热流路径清晰，冷却模组也经过优化设计，两者之间非常的匹配。通过选择低噪声和长寿命风扇，尽量地规避了引入风扇带来的噪声和可靠性问题。这款射灯在采用强迫风冷冷却时考虑到了每一个细节，应该算是一款比较成功的强迫风冷灯具产品。

9.2　LED 路灯

9.2.1　LED 路灯介绍

Leon：Don't you ever do that again or I'll break your head. You got that.

Mathilda：OK.

Leon：I don't work like that. It's not professional. There is rules.

Mathilda：OK.

Leon：And stop saying “OK” all the time！OK?

Mathilda：OK.

Leon：Good！

《这个杀手不太冷》于1994年上映，由法国著名导演Luc Besson执导，影星Jean Reno和Natalie Portman主演，影片凭借出色的镜头掌控和对人心善恶的深层次挖掘成了一部非常经典作品。影片讲述了生活在纽约的职业杀手Leon（Jean Reno饰）和邻家女孩Mathilda（Natalie Portman饰）因为一次偶遇，从此两人共同卷入了危险的黑暗之中，期间杀手Leon展露了善良真诚的一面，女孩Mathilda和Leon逐渐惺惺相惜，共同面对苦难，而后向杀害Mathilda全家的贩毒警察Stan Phil复仇的故事。

……在巴黎街头的大街上，高耸的路灯下，Leon告诫Mathilda作为一名杀手必须遵守规则（见图9-15）……

图9-15 巴黎街头Leon对Mathilda的告诫

路灯是指给道路提供照明功能的灯具。CJJ 45—2015《城市道路照明设计标准》中注明路灯灯具采用的光源可以是LED、小功率金属卤化物灯、细管径荧光灯和紧凑型荧光灯，如图9-16所示。

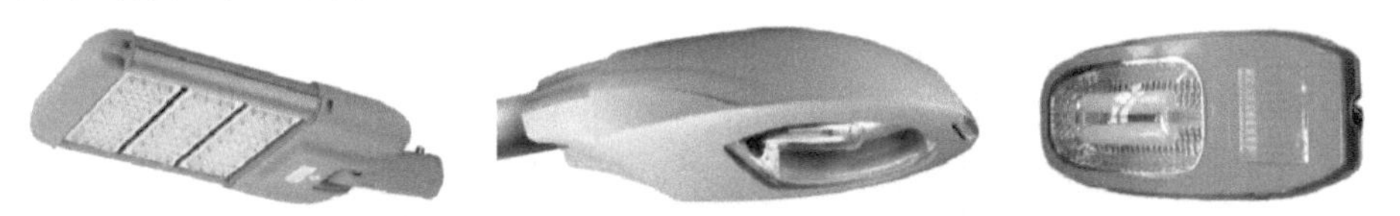

图9-16 LED灯具（左）、卤化物灯具（中）和荧光灯具（右）

路灯的应用环境通常在户外，所以其防护等级要求较高，一般为IP65或IP66居多。此外，路灯也需要考虑使用过程中积灰、放盐雾和轻量化等应用问题。与其他绝大部分户外电子产品需要考虑太阳辐射不同，路灯没有这方面的要求。

9.2.2 LED 路灯热设计方案解析

9.2.2.1 Philips BRP393 LED 路灯介绍

BRP393 LED 路灯是 Philips RoadFlair 系列中的一款明星产品，主要应用于高速公路、城市主干道和高架道路、商业和住宅区道路等场合，其外形尺寸为 640mm × 300mm × 85mm，重量为 8kg。其额定输入功率 240W，输出流量为 27000lm 左右，如图 9-17 所示。BRP393 LED 路灯使用寿命为 35℃ 环境温度下可工作 100000h，输出的光通量为初始额定光通量 70% 以上。由于路灯的使用环境为户外，所以 BRP393 LED 路灯具有 IP66 的防护等级，机械防冲击等级 IK = 08。

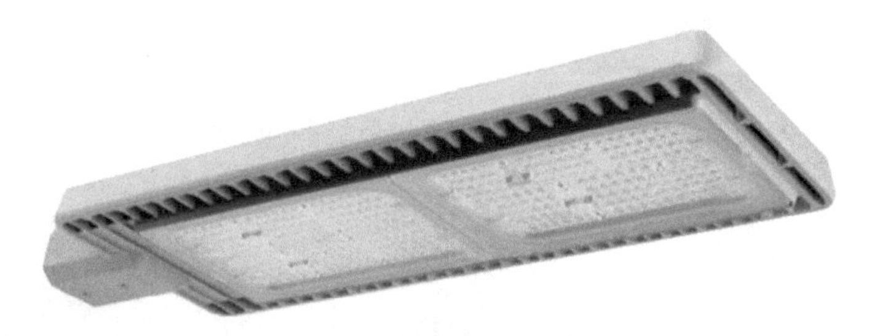

图 9-17 Philips BRP393 LED 路灯

9.2.2.2 Philips BRP393 LED 路灯重要部件

Philips BRP393 LED 路灯中采用了两块型号为 XITANIUM 150W LED 控制装置，也称为驱动器，如图 9-18 所示。其尺寸为 240mm（宽）、38mm（高）和 60mm（厚），重量为 0.65kg。XITANIUM 的最大热功耗为 13W，功率因数为 0.95，主要功能是将 220V 的输入交流电转化为 LED 光源所需的直流电。XITANIUM 的周围工作环境温度范围为 -40 ~ 55℃，为防止内部器件温度过高，采用全灌封处理。其外壳表面最高允许温度 90℃，测点 T_c 位置如图 9-18 中红色线框所示。

图 9-18 XITANIUM 150W LED 控制装置

Philips BRP393 LED 路灯中采用了 260 颗 OSRAM 型号为 OSCONIQS 3030 GW QSLR31. PM 的 LED，尺寸为 3mm × 3mm × 0.65mm，如图 9-19 所示。其最大允许结点温度 T_J为 125℃，热阻 R_{JS}为 8.9K/W。但 T_J的测量并不方便，实际使用过程中只要保证 T_s（焊点温度）的温度范围在 -40 ~ 105℃即可。如图 9-20 所示为 OSCONIQS 3030 GW QSLR31. PM 的示意图，其中 Solder 即为 T_s的测点位置。在进行 T_s测量时，取靠近 LED 负极的铜箔，将表面油墨刮去后，粘上热电偶测量温度。

图 9-19　OSCONIQS 3030 GW QSLR31. PM 实物图

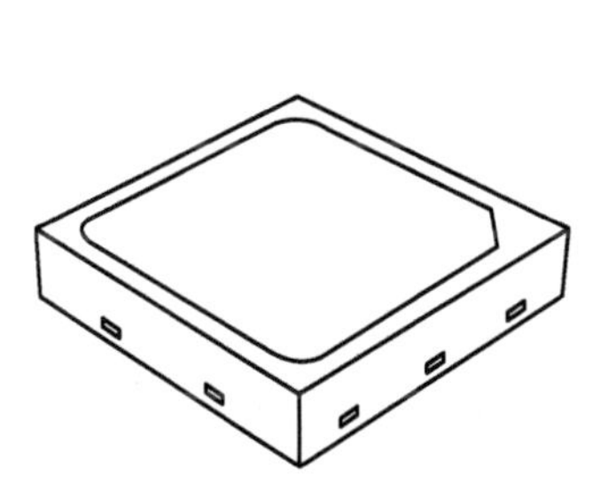

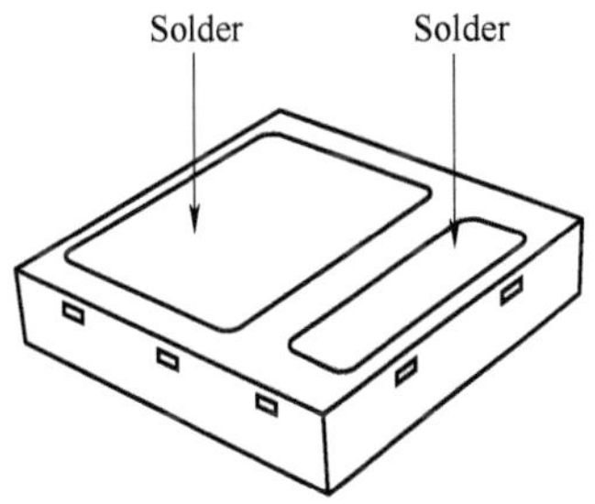

图 9-20　OSCONIQS 3030 GW QSLR31. PM 的顶面（左）和底面（右）的示意图

LED 的输入电流确定之后，LED 的电压会随温度发生变化，同时发光效率也会受到温度的影响。如图 9-21 所示为 OSCONIQS 3030 GW QSLR31. PM 在输入额定电流为 150mA 时，ΔV_F 与温度的变化关系曲线，ΔV_F 是不同温度下电压与 25℃ 时电压的差值。OSCONIQS 3030 GW QSLR31. PM 的额定工作电流为 150mA，电压大约为 6V，发光效率大约为 50%，所以单颗 OSCONIQS 3030 GW QSLR31. PM 的热功耗约为 0.45W。

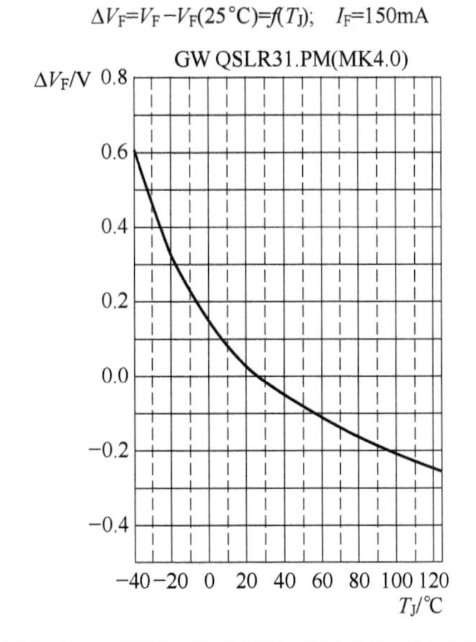

图 9-21　OSCONIQS 3030 GW QSLR31. PM 的 ΔV_F 与温度的变化关系曲线

对于 LED 可靠性和使用寿命起直接影响的是 LED 的结点温度 T_J，结点温度的升高通常会减少 LED 的使用寿命。即便 LED 在规格书要求的 T_J或 T_s范围之内工作，其光通量也会随时间逐渐减少（以流明为单位）。“光通量维持率”用于描述LED的光衰减，它表示随时间变化的剩余光通量，与LED的初始光通量有关。OSRAM的LED通常根据产品的应用市场情况，将“光通量维持率”50%（L50）或70%（L70）作为失效的标准，即当LED的光通量达到失效标准时，LED的使用寿命结束。如图9-22所示为某款LED在工作11000h后，其“光通量维持率”为70%，即此时的光通量只有最初的70%。对于该款LED而言，11000h是其L70的时间。OSCONIQS 3030 GW QSLR31.PM的L70时间为50000h。Philips BRP 393通过优化系统及散热设计，保证LED L70寿命为100000h。

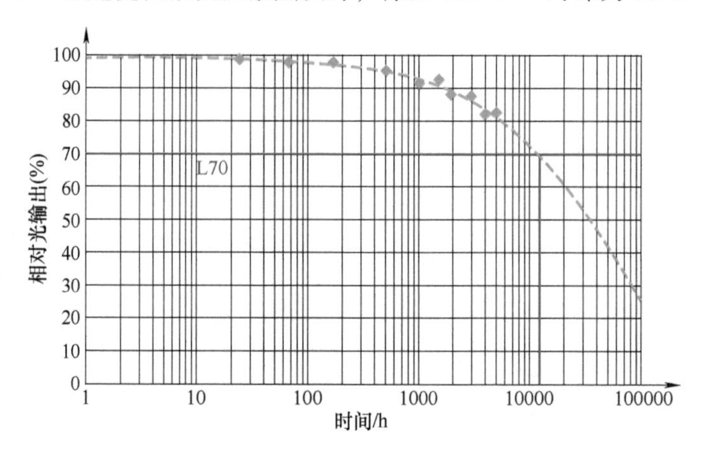

图9-22　L70作为失效的标准

9.2.2.3　Philips BRP393 LED路灯热设计架构

基于可靠性和寿命的考虑，Philips BRP393采用自然对流冷却技术，其最大热功耗约为143W，其中LED的热功耗约为117W，LED控制装置的热功耗约为26W。LED和LED控制装置产生的热功耗都是通过热传导的方式传递至BRP393壳体，最终以热辐射或对流换热的方式进入至周围环境中。BRP393在壳体材料、对流换热面积和表面属性方面做了散热的优化，如图9-23所示。首先，路灯结构复杂，需要安装控制装置、MCPCB、防透镜、浪涌保护器等众多部件，并保证具有防水，防冲击功能，因此大多数路灯都采用压铸铝结构。BRP393的壳体采用了热导率约为120W/(m·K)的压铸材料ADC1，与传统常用的ADC12［热导率96W/(m·K)］的压铸材料相比，

图9-23　Philips BRP393的底面（左）和顶面（右）

ADC1 可以使壳体具有更好的均温性能。其次，BRP393 的壳体表面做了特殊的喷涂处理，不仅可以耐 500h 的盐雾，而且提升了壳体表面的发射率，其表面的热辐射能力也大幅加强。再次，壳体中大面积上下贯通的翅片，使得冷空气可以在浮升力的作用下，充分有效的掠过这些翅片，从而达到增强对流换热的效果。另外，该翅片的设计避免了积灰、积水等影响。与其他常见路灯设计不同，Philips BRP393 采用一体化结构设计，将驱动器腔体与 LED 散热器做成一体，进一步减小灯具体积和重量，节省零件数量和成本。但驱动器散热情况会更加恶劣，需要选择高可靠性的驱动器，并局部强化散热。

Philips BRP393 使用了多达 260 颗的 OSCONIQS 3030 GW QSLR31. PM 的 LED，均分焊接在四块 MCPCB 上，图 9-24 为去掉透镜之后 Philips BRP393 的内部 LED 布局图。在 MCPCB 的中间区域有一个“T_c max 100℃”的标识，只要此点的测试温度小于 100℃，即可满足所有 LED 的 T_s温度满足设计要求，如图 9-25 所示。因为实际过程中测试每一颗 LED 的 T_s的温度是否超过 105℃的工作量太过巨大，所以通过一定的原则得出标识点温度小于 100℃即可。LED 的热功耗首先通过热传导方式进入 MCPCB，之后再由 MCPCB 进入壳体。由于 LED 芯片在 MCPCB 上排布均匀，且 MCPCB 与散热器接触面的热流密度相对较小，只需保证接触面的平整度和紧固压力。同时考虑生产效率和成本，避免导热硅脂引起的可靠性问题，该路灯没有使用导热硅脂等界面导热材料，如图 9-26 所示。

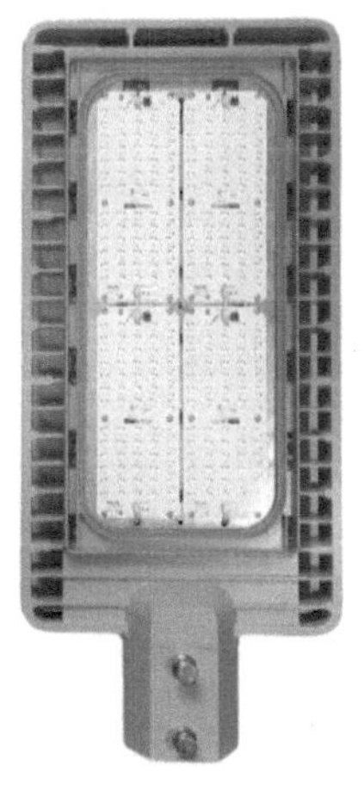

图 9-24　Philips BRP393 内部的 LED 布局

图 9-25　LED 与 MCPCB

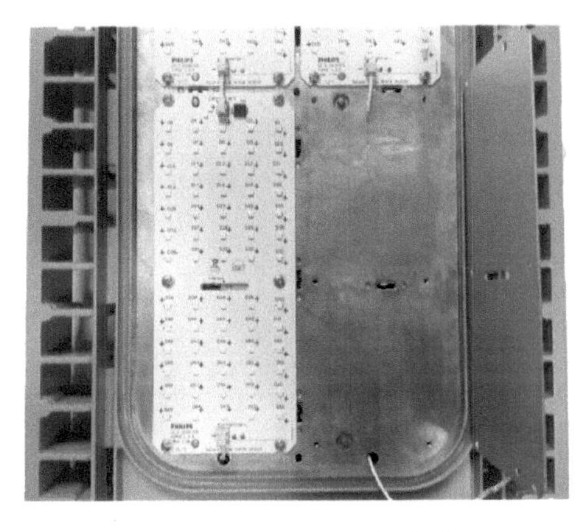

图 9-26　MCPCB 与壳体

Philips BRP393 内部的有两块 LED 控制装置，LED 控制装置与壳体采用螺钉固定，控制装置表面由铝片包裹，能有效降低驱动器表面最高温度（T_c），并与灯具上盖接触，将控制装置的热功耗传导至上盖，从而降低控制装置温度，如图 9-27 所示。

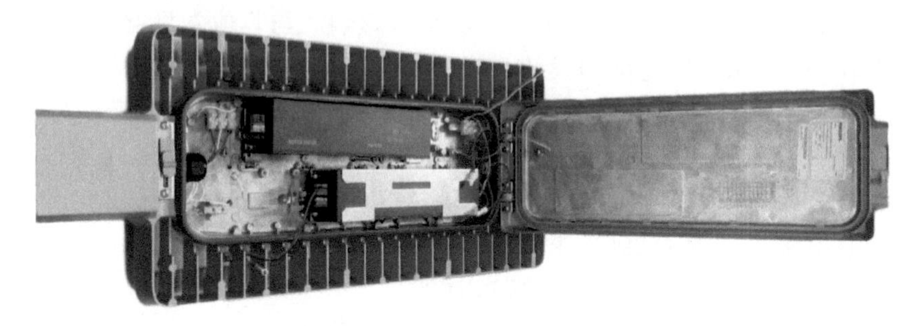

图 9-27 Philips BRP393 内部的 LED 控制装置

9.2.3 小结

Philips BRP393 LED 路灯的热设计架构相对比较简单，内部的热量传递以热传导为主，外壳与周围环境的热量传递以热辐射和对流换热为主。Philips 和 OSRAM 都是照明行业的老牌企业，OSRAM LED 50% 左右的光效使得 LED 热功耗大幅减少，也为整个 LED 路灯的热设计降低了不少难度。Philips 对于 LED 路灯外壳表面处理和材料选择也颇见热设计水准。基于生产效率和成本方面考量，除了未在 MCPCB 和壳体之间使用界面材料之外，Philips BRP393 LED 路灯的纯粹热设计合理性和有效性非常高。

后记

所有的遇见，偶然却又必然，一切应来自缘分，总会在该来的季节里出现！

与电子产品热设计的结缘是在2006年的秋天，彼时国内外电子行业蓬勃发展，产品的散热问题日益凸显，成了产品可靠性和寿命的重要影响因素。结合自身所学专业的特点，好友陆平的建议以及导师开明的态度，电子产品冷却技术研究成了我硕士研究生时的课题。

我们无法帮助每个人，但每个人能帮助到某些人！

时至今日，全国电子产品热设计的从业人员估计仅有几千人，虽然没有一个确切的数字，但可以肯定的是从业人员相对有限。若岁月的时针回拨至十多年前，不仅热设计的相关人员更少，而且专业知识的学习和积累的难度比现在更大。在那个年代，网络论坛将为数不多的各路热设计英豪联系在了一起。我也结识了很多行业朋友——陈文鑫、俞丹海、郑臻轶、倪建斌、郭广亮、项品义、舒涛、洪世辉、赖灵俊、唐文斌……正是在他们的帮助下，我对产品热设计有了更深入的认知和理解，在热设计的从业道路上一走就是好多年。

在虚拟的世界里寻找真相！

1988年第一款针对电子产品的CFD仿真软件耀世而出，从而可以在一个虚拟的世界中构建出电子产品的形态，赋予其传热与流动的特性，探知其散热的性能及相应的优化方向和措施。与传统实验测试方法不同，热仿真分析无须产品实物和实验设备，就可以呈现翔实的产品热性能数据，给广大工程师进行产品热设计提供了新的方法。任何事物都有两面性，热仿真软件可以协助热设计工程师评估和优化产品的热性能，但不正确的理解和应用则会产生负面的效果。由于之前在热仿真软件公司任职，我为国内大部分知名电子产品企业均提供过技术支持或培训，深刻地体会到仿真建模的重要性和挑战性，其几乎决定了最终结果数据的准确走向。如何在虚拟的世界里建立真实和获取真相，应该是热仿真软件使用的精髓。

热设计的未来应该在材料！

热设计可以简单理解为热量传递路径的设计。热传导作为热量传递的三种基本方式之一，相较于热对流和热辐射而言，具有简单、高效和稳定等特点。热传导路径由不同的物质构成，其中物质之间的界面会严重阻碍热量的传递。

导热界面材料的应用极大地改善了热量传递的方式和效率。近些年在向客户提供散热解决方案时，与不少知名的导热界面材料厂商配合销售其产品。其中日本迈图（Momentive）的导热凝胶和硅脂、美国霍尼韦尔（Honeywell）的相变化材料、日本富士高分子（Fujipoly）的高性能导热垫和日本积水（Sekisui）的碳纤维导热垫等产品各方面性能均非常优秀，应用在一些高功率密度的电子产品中有显著的散热效果。材料科学作为一门应用基础科学，其研究和探索需要不断的沉淀和积累，前述提及的材料厂商都有着悠久的历史。当然，近些年国内不少材料厂商依托于5G产业快速发展等契机，也在不断进步和提升，相信不远的将来会涌现出许多优秀的国内导热界面材料。在没有新的热量传递方式被发现之前，材料的研究和突破应该是热设计的未来方向。

全面的才是优秀的！

我的朋友刘志勇博士是电信科学技术研究院热设计与节能专业的硕士生导师，是一名在通信行业工作了近20年的热设计老兵。据我所知，国内除了电信科学技术研究院具有独立的热设计专业之外，热设计在其他院校通常只是一个研究方向。当我向他询问一名优秀热设计工程师的标准时，他的回答是“全面”。要研发一款优秀产品，热设计牵一发而动全身，也就要求一名优秀的热设计工程师能够以点带面开展工作，同时具有跨专业的全面知识技能和视野。而现在与之不匹配的是，几乎没有系统的热设计教育资源和教材。实际的热设计工作可能会涉及传热、流体、数值计算、噪声等专业知识，温度、速度等测量测试的相关方法和标准，散热器的生产加工和应用，风扇的选择和使用，再加上产品的热设计与电子、结构等专业相耦合。要想成为一名全面的热设计工程师并不容易。对于刚入行的热设计新兵而言，清晰理解自身工作岗位的职责要求，以满足和胜任工作为基础，逐步地丰富热设计的知识架构，定会成为一名全面的热设计专家。

李　波

参考文献

[1] 章熙民，任泽霈，梅飞鸣. 传热学 [M]. 4版. 北京：中国建筑工业出版社，2001.

[2] 蔡增基，龙天渝. 流体力学泵与风机 [M]. 4版. 北京：中国建筑工业出版社，1999.

[3] Standard Test Method for Thermal Diffusivity by the Flash Method：ASTM E1461-2001 [S].

[4] Standard Test Method for Thermal Transmission Properties of Thermally Conductive Electrical Insulation Marerials：ASTM D5470-17 [S].

[5] Integrated Circuits Thermal Test Method Environmental Conditions- Natural Convection (Still Air)：EIA/JEDEC51-2 [S].

[6] 李波. FloTHERM软件基础与应用实例 [M]. 2版. 北京：中国水利水电出版社，2016.

[7] Requirements Physical Protection：GR-63-CORE ISSUE 3NEBS [S].

[8] Information technology equipment- Safety- Part 1：General requirements：IEC 60950-1：2005 [S].

[9] Acoustic noise emitted by telecommunications equipment：ETS 300 753 [S].

[10] ebmpapst. Quiet blowers with inner qualities Low-noise fansare not a product of chance [Z].

[11] SANYO DENKI. AC风扇，DC风扇技术资料 [Z].

[12] 金庸. 神雕侠侣 [M]. 上海：生活·读书·新知三联书店，1980.

[13] 金庸. 天龙八部 [M]. 上海：生活·读书·新知三联书店，1980.

[14] 金庸. 笑傲江湖 [M]. 上海：生活·读书·新知三联书店，1980.

[15] 金庸. 倚天屠龙记 [M]. 上海：生活·读书·新知三联书店，1980.

[16] Dell Precision 移动工作站 M4800 用户手册 [Z].

[17] ABB ACS800-67 并网柜硬件手册补充手册 [Z].

[18] Huawei Sun2000-(3.8KTL-11.4KTL)-USL0 用户手册 [Z].

[19] Huawei DRRU3152-e 硬件描述 [Z].

[20] DELL R710 服务器使用手册 [Z].